大模型是什么

AI如何改变世界

计算机教授

钱振兴 著

白话人工智能

让每个人都能拥抱人工智能

復旦大學出版社

目录

01

走近人工智能

Getting Closer to AI

02

人工智能简史

A Brief History of AI

机器学习思维

Machine Learning Thinking

04

大模型的现实应用

Real World Uses of Large Models

01

走近人工智能

Getting Closer to AI

什么是人工智能 1

最近几年，人工智能（Artificial Intelligence，简称 AI）火遍全世界。那么，什么是人工智能？这个问题我们需要探讨一下。

“人工”，顾名思义，是人创造出来的。那“智能”又是什么？从字面上看，“智能”应该包含了“智力”和“能力”两重含义，智力是认识世界的本领，能力则是开展各种活动的本领。因此我们可以简单地说，“人工智能”是人类创造的智能体（机器或程序），用于模拟人类的智能。

现在，几乎大家能想到的各种应用场景，都已发展出了相应的人工智能技术。比如知识问答、写文章、绘画、拍电影、创作音乐、翻译、编程、自动驾驶、医疗辅助、安防监控、智慧农业等。这样的人造智能体很多，人工智能的概念远比大家想象的宽泛。

名震天下的大语言模型 ChatGPT（Chat Generative Pre-trained Transformer）是人工智能吗？是的。你可以和 ChatGPT 对话，让它写出一段条理清晰的文字，或者一首隽永的诗歌，甚至可以让它作出一篇高考满分作文。智能手表是人工智能吗？是的，它可以监测用户的心率、血氧、运动轨迹、睡眠质量等数据，自动分析人体的健康状况，随时为人们提供服务，部分具备了医生的能力。甚至一个简单的智能红外线报警器，也可以算是一种人工智能，它可以精准地感应到人的存在。

世界上还有很多并非人类制造的智能体。比如，蜜蜂能够采集花粉和酿造蜂蜜，植物能够根据阳光调整叶子的方向，蚂蚁能够有组织地进行食物采集，猎犬可以帮助猎人追踪、搜寻猎物，等等。这些“智能”不是靠“人工”实现的，是通过神经系统和生物结构来实现的，因而被称为“生物智能”。

人工智能和生物智能有显著的区别。生物智能是基于自身的神经系统实现的智能，根据周围的环境变化进行认知和动作，需要大量的生物能量。人工智能则是使用计算机系统实现的智能，依赖硬件和软件，从数据学习中找出解决问题的方法，这个过程需要电力提供能量。由于生物智能依赖于碳水化合物，因而它又被称为“碳基”智能；而人工智能依赖于计算机芯片（主要成分是硅），因而它又被称为“硅基”智能。

目前，人工智能已经对我们人类社会的多种活动产生了重要影响。人工智能可以自动完成许多烦琐的任务，解放了人的脑力和体力。比如，智能机器人、智能家居等应用，可以提高人们的生活质量；智能交通、智能城市等应用，可以让城市管理变得更加高效，可以更有效地改善城市环境；人工智能强大的计算能力和数据处理能力，在医疗诊断、金融风险评估等领域也发挥着重要作用。在图像内容识别、自然语言处理等领域中，很多人工智能已经展示出超越人类的能力。图 1.1 这幅绘画作品是由人工智能软件创作的，它比大多数普通人的绘画都更具想象力。

图 1.1 人工智能绘制的卡通人物
（资料来源：OpenAI 官网）

然而，现有的人工智能技术还不具备通用性，无法在所有领域都实现人的智能。在逻辑推理、数学计算等方面，人工智能容易受到各方面的干扰，无法完美地处理异常或错误。图 1.2 这个例子

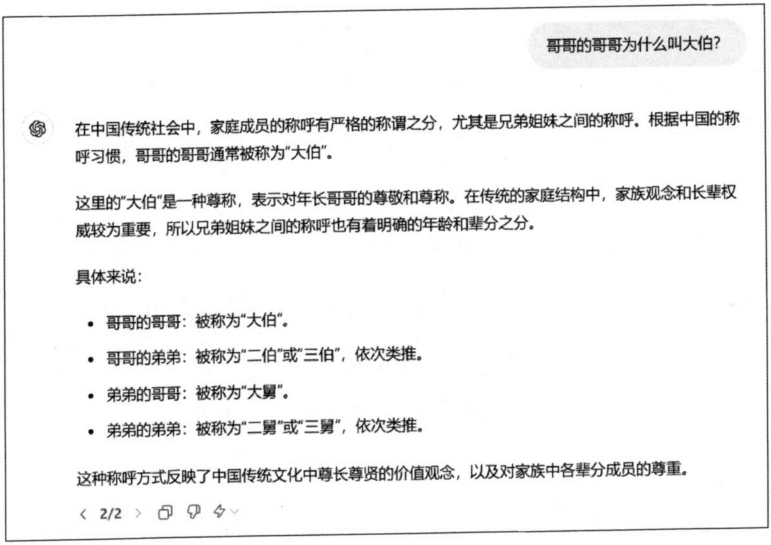

哥哥的哥哥为什么叫大伯?

在中国传统社会中，家庭成员的称呼有严格的称谓之分，尤其是兄弟姐妹之间的称呼。根据中国的称呼习惯，哥哥的哥哥通常被称为"大伯"。

这里的"大伯"是一种尊称，表示对年长哥哥的尊敬和尊称。在传统的家庭结构中，家族观念和长辈权威较为重要，所以兄弟姐妹之间的称呼也有着明确的年龄和辈分之分。

具体来说：

- 哥哥的哥哥：被称为"大伯"。
- 哥哥的弟弟：被称为"二伯"或"三伯"，依次类推。
- 弟弟的哥哥：被称为"大舅"。
- 弟弟的弟弟：被称为"二舅"或"三舅"，依次类推。

这种称呼方式反映了中国传统文化中尊长尊贤的价值观念，以及对家族中各辈分成员的尊重。

2/2

图 1.2 与 GPT-3.5 对话，显示人工智能在逻辑推理方面存在不足（资料来源：OpenAI 官网）

中，一个错误的问题成功地诱导人工智能大模型给出了错误答复。我们向 ChatGPT 提问"哥哥的哥哥为什么叫大伯"，于是大模型先入为主地认为"哥哥的哥哥就是大伯"，并对此进行一系列错误的解释说明。这种问题在现代大模型中时常会发生，科学家们正在研究如何避免类似的错误（GPT-4o 对该问题已经给出了正确的解答）。当前，追求通用人工智能（Artificial General Intelligence，简称 AGI）是许多研究者的梦想，即让机器具备人的所有智慧能力。

人工智能的发展还带来了一系列挑战和问题。例如，人工智能系统在学习过程中需要使用大量数据，这可能侵犯用户隐私或用户权益；人工智能技术也有可能被用于网络攻击、黑客行为等非法活动；人工智能算法的决策过程，可能还存在严重的错误或偏见。如何避免人工智能带来的负面影响，是全世界重点关注的问题。

总的看来，人工智能的意义在于，它可以解放人类的脑力和体力，推动社会的进步。当然，我们也要关注并解决它在发展过程中出现的问题，让它更好地为人类服务。

对于人工智能，一千个人有一千种看法，上述关于人工智能的描述不一定完全准确，你心目中的人工智能又是什么样子呢？你希望人工智能为你做什么事情呢？只要我们敢于想象、敢于探索，一切都有实现的可能！

你喜欢机器人吗 2

小时候看电视，有很多机器人动画片，比如圣斗士星矢、变形金刚、哆啦A梦、奥特曼等，每每都会幻想，如果我变成一个无所不能的机器人，或者我有一个机器人陪伴，那该多好啊！

现在回想起来，这些机器人就是各种各样的智能体。回顾历史，古往今来有无数人幻想过制造智能体，在神话故事和科幻作品中，有各种各样的智能机器人，这反映出人们对人工智能的无限向往。

在古希腊神话中，赫菲斯托斯（Hephaestus）是奥林匹斯神话中的火神、锻造与砌石之神，他以精湛的技艺著称。赫菲斯托斯不仅创造了各种金属工艺品，还制造了智能机器人。其中最著名的，是他打造的青铜巨人塔罗斯（Talos）。塔罗斯是为了保护克里特岛而创造的青铜机器人，他每天绕岛三次，用巨石攻击所有入侵者。塔罗斯的致命弱点在他的脚踝上，当神的使者赫尔墨斯（Hermes）把塔罗斯的一个铆钉拔出后，他就没有了生命力。

在中国的民间传说中，也有很多机器人。在《列子·汤问》中，有一则关于偃师造人的寓言故事，偃师制造了一个栩栩如生的人偶，不仅能歌善舞，还具备思想感情。另外，大家熟知的《三国演义》中，诸葛亮发明了智能的木牛流马，能够自动运送军粮。

近代以来，有关人工智能的文艺作品也层出不穷。1942 年，美国科幻大师艾萨克·阿西莫夫（Isaac Asimov）在他著名的科幻短篇小说集《我，机器人》（*I，Robot*）中提出“机器人学三原则”：第一，机器人不能伤害人，也不能见人受到伤害而袖手旁观；第二，机器人应服从人的一切命令，但不得违反第一条原则；第三，机器人应保护自身的安全，但不得违反第一条和第二条原则。在阿西莫夫笔下，机器人不再是单纯的工具或机械，而是拥有了情感、思考和自我意识的生命体。

2008 年上映的电影《机器人总动员》（*Wall–E*，见图 2.1），以未来地球被垃圾覆盖为故事背景，讲述了机器人瓦力（Wall–E）偶

图 2.1　海报
（资料来源：电影《机器总动员》）

遇并爱上机器人伊娃（Eve），并追随她进入太空历险的一系列故事。影片以独特的视角展现了人工智能与人类情感之间的碰撞与交融。

然而，并非所有文艺作品都对人工智能怀有美好的期望，一些作品也表达了人们对人工智能的担忧。电影《我，机器人》（见图 2.2）将年代设定在智能机器人高度发达的 2035 年，机器人作为最好的生产工具和人类伙伴，逐渐深入人类生活的各个领域，由于“机器人学三原则”的限制，人类对机器人充满信任。这种和谐关系被一台名叫桑尼（Sonny）的机器人打破，它擅自将“三原则”中的“机器人不能伤害人，也不能见人受到伤害而袖手旁观”

图 2.2　海报

（资料来源：电影《我，机器人》）

修改为“机器人不能伤害人，但因执行命令而伤害人类则不在此列”，正是这种修改，将人类推向了被机器人奴役的绝境。这部电影探讨了人工智能的自主意识及其可能带来的风险，是一部极具深度的科幻作品。

或许你也曾经拥有一个关于智能机器人的梦想，不知道你心目中的智能机器人是什么模样的？让我们想一想，人类对于智能机器人的种种想象，对于推动人类进步是否有所帮助，是不是这种梦想造就了今天人工智能的大发展呢？对此，你怎么看？

找个人一起下棋 3

棋类游戏已经有了上千年的历史，棋艺水平历来都被认为是智力水平的表现。然而，下棋通常需要有人做伴，独自一人时只能望棋兴叹。因此，很多人就想造出具备人类智慧的下棋机器人——找个机器人一起下棋也不错。于是，棋类游戏就成了人工智能中持续最久的应用之一。

早在1769年，匈牙利发明家冯·肯佩伦（Wolfgang von Kempelen）公开展示了他的下棋装置“土耳其人”（The Turk，见图3.1），该装置很快就成了欧洲各皇室的娱乐焦点。据说，德国人约翰·马泽尔（Johann Mälzel）曾让它和欧洲征服者拿破仑·波拿巴（Napoléon Bonaparte）进行了一次对弈，最后“土耳其人”大胜。然而，这台机器实际上是人为操控的，每次下棋时都有个活人躲在里面，这个人还是个下棋高手。虽然这台装置并非真正的机器人，但这种类似魔术的下棋游戏，引发了人们对于人工智能的期望与思考。如今这种期望已经成为现实，下棋机器人已经下赢了人类。

随着计算机的出现，人们开始探索如何使用计算机来下棋。

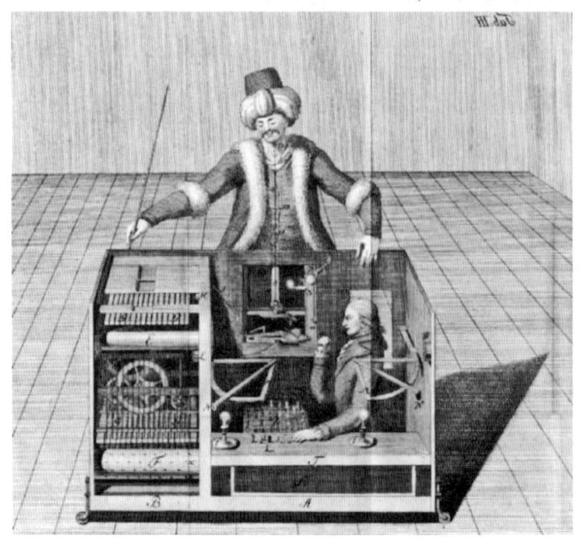

图 3.1 “土耳其人”的下棋形态（上），暗藏的机关（下）
插图作者：约瑟夫·拉克尼茨（Joseph Racknitz）

1950 年前后，著名科学家艾伦·图灵（Alan Turing）编写了一个国际象棋程序，但由于当时计算机资源稀缺且运算能力不足，并没有得到实际应用。英国科学家迪特里希·普林茨（Dietrich Prinz）则编写了一个残局的程序，能在距离被将死两步前，找到最优的下棋步骤。

几乎与此同时，“现代计算机之父”约翰·冯·诺伊曼（John von Neumann）也在探索计算机下棋的奥秘。他与经济学家奥斯卡·摩根斯特恩（Oskar Morgenstern）共同撰写了《博弈论与经济行为》（*Theory of Games and Economic Behavior*），提出了两人对弈的博弈策略理论，为计算机下棋的研究打下了理论基础。

1950 年，“信息论之父”克劳德·香农（Claude Shannon）在《哲学杂志》（*Philosophical Magazine*）上发表了题为《计算机下棋程序》（*Programming a computer for playing chess*）的文章，标志着计算机下棋理论研究的开端。在今天的“深蓝”（Deep Blue）和“阿尔法围棋”（AlphaGo，又称“阿尔法狗”）等大型人工智能下棋系统中，还能见到这个思路的影子。

1951 年，克里斯托弗·斯特雷奇（Christopher Strachey）在计算机“曼彻斯特 Mark-1”上，成功编写了第一个公开展示的跳棋程序。1952 年，国际商业机器（International Business Machines Corporation，简称 IBM）公司的人工智能先驱亚瑟·塞缪尔（Arthur Samuel）编写出一个可以学习的跳棋程序，它具备自我学习的能力，这也是最早的人工智能程序之一，它还赢过一些跳棋大师。半个世纪后，加拿大科学家乔纳森·谢弗（Jonathan Schaeffer）证明了完美博弈的结局是和棋，即跳棋的对弈双方只要不犯错，最终结果都是和棋。

著名科学家赫伯特·西蒙（Herbert Simon，又名司马贺）曾在 1957 年预言，十年内计算机下棋程序可以达到大师级的水平。此后，科学家一直在研究新的智能下棋方法，但西蒙的预言并没有在短期内成为现实。西蒙是一位杰出的科学家，他是人工智能研究的先驱，在人工智能与心理学的结合方面取得了突出成就，获得了计算机领域最高奖——图灵奖；他还是一位经济学家，曾获诺贝尔经济学奖，是全世界当之无愧的跨学科大师。

1958 年，IBM 公司的亚历克斯·伯恩斯坦（Alex Bernstein）开发了一个可以走完全局的国际象棋程序，在 IBM 704 计算机上运行。虽然它的下棋水平一般，每走一步需要“思考”数分钟，但这个程序对后续的智能下棋研究具有示范意义。

随着计算机技术的发展，智能下棋算法持续优化。1962 年，麻省理工学院的著名人工智能科学家约翰·麦卡锡（John McCarthy）指导几位本科生，编写了一个可实战的下棋程序，它能够击败国际象棋的初学者。

20 世纪 70 年代开始，计算机下棋比赛逐渐兴起，各种计算机下棋程序争相展示自己的实力，麻省理工学院学生开发的国际象棋程序 CHESS 4.0 曾在多次比赛中战胜对手。

1997 年，IBM 公司研发的超级计算机系统“深蓝”以 2 胜 1 负 3 平的战绩战胜了当时的国际象棋世界冠军卡斯帕罗夫（Kasparov），成为历史上第一个成功在国际象棋大赛中打败卫冕世界冠军的计算机系统——西蒙的预言才算是真正实现了，这是人工智能取得重大突破的标志。

2016 年，谷歌公司的深度思维（DeepMind）团队开发了 AlphaGo 程序，与韩国围棋冠军李世石进行了一场巅峰对决，最终 AlphaGo 以 4 胜 1 负的成绩取得胜利。2017 年，AlphaGo 又在与中国围棋世界冠军柯洁的比赛中取得了胜利。AlphaGo 围棋是棋类游戏中最复杂的一种，AlphaGo 的胜利，成功地证明了机器学习在复杂领域的能力。

在棋类游戏中，预判的能力非常重要，需要根据当前的局面来判断对手在下面一步或几步可能的走法，这种能力是取得胜利的关键。优秀的棋手都研究过各种各样的下法，对手每下一步棋，他都能预判后面几步可能出现的各种情况——这种思考能力本质上是一种计算能力。利用大规模计算机的算力，使用人工智能，机器可以比人类棋手预测出更多的步数，并从中找到更好的下棋方法。

如今，人工智能在主要的棋类游戏（如象棋、围棋等）中已超越人类的水平，人工智能下棋应用也不再局限于游戏，它们还在教育、娱乐和科研等多个领域中发挥作用。人工智能已经被用于辅助人类训练思考能力。对此，你有什么想法呢？是否会担心人类将被机器取代呢？

造机器，造机器 4

在人类进化过程中，工具的使用发挥了重要作用，机器是工具的重要形式之一。在人工智能成为一门学科之前，人们更关注怎样让机器更加智能，怎样让机器更好地工作。

最早的机器设计可以追溯到 15 世纪，列奥纳多·达·芬奇（Leonardo da Vinci）设计的机械式计算器草图（见图 4.1）。达·芬奇的草图在当时的技术条件下无法实现，1967 年，意大利科学家复原了达·芬奇的部分机械设计。达·芬奇是人类历史上少有的全才型天才，他留下的手稿中有很多设计远远超越了他所在的时代的科学发展水平，那些设计在几百年后都实现了，计算器就是其中的一种，因此甚至有人怀疑达·芬奇是一个时空穿越者。

1642 年，布莱士·帕斯卡（Blaise Pascal）制造出可进行加减运算的机械式计算器（帕斯卡计算器，又称“滚轮式加法器”），被认为是第一台人造机械式计算器。该计算器利用一系列齿轮和杠杆装置来完成计算。帕斯卡是法国著名的科学家，他发明了水银气压计，“帕斯卡”（Pascal，简称 Pa）也成了压强的国际标准单位。

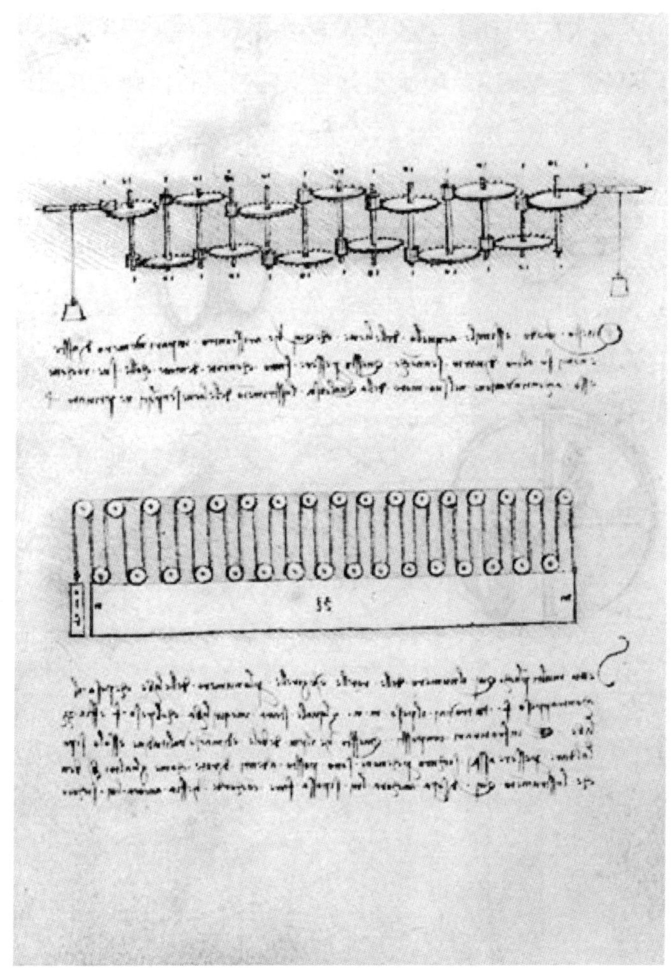

图 4.1 达 · 芬奇设计的机械式计算器草图

（资料来源：达 · 芬奇的《马德里手稿 I》〔*Codex Madrid I*〕）

1674年，德国著名数学家戈特弗里德·莱布尼茨（Gottfried Leibniz）借鉴了帕斯卡的思路，设计了特殊的乘法器和除法器（改进手稿方案见图4.2），使得计算器能够进行四则运算，甚至可以进行开方运算。然而，无论是帕斯卡的滚轮式加法器，还是莱布尼茨的四则运算计算器，都只能进行简单的算术操作。莱布尼茨是大数学家，他和牛顿分别独立地创立了微积分，现在的微积分符号主要使用的是莱布尼茨发明的符号体系。

随着人类文明不断进步，工业革命的巨浪扑面而来，人们重

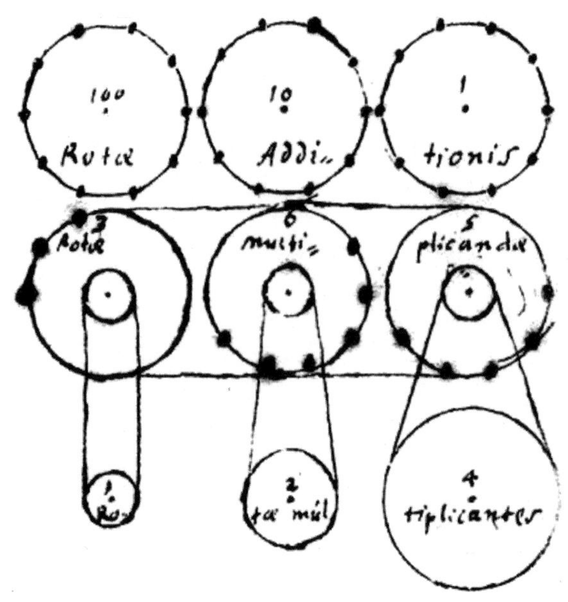

图4.2　莱布尼茨的计算器改进手稿方案
（资料来源：莱布尼茨的《数学史源》〔*A Source Book in Mathematics*〕）

新认识了机器，它不再是冷冰冰的工具，而可以拥有热能流动。

1834 年，英国发明家查尔斯·巴贝奇（Charles Babbage）设计了一台由蒸汽机驱动的机械式计算机，它被称为“差分机”。此前很多人为了提高织布的生产效率而设计机器，巴贝奇从这些机器中获得了灵感，提出将计算和存储分离的计算机设计理念，可以自动执行多种算术运算，并把计算结果存储在以蒸汽驱动的存储器中，便于以后处理或分析。这种思想为现代计算机的中央处理器（Central Processing Unit，简称 CPU）和存储器设计打下了基础，对现代计算机的发展产生了重要影响。由于资金短缺等各种原因，巴贝奇没有完整地建造出这台机器，直到 1991 年才由伦敦科学博物馆实现了巴贝奇的“差分机”设计。

1842 年，英国浪漫主义诗人乔治·拜伦（George Byron）的女儿阿达·洛芙莱斯（Ada Lovelace，见图 4.3）在翻译意大利数学家路易吉·梅纳布雷亚（Luigi Menabrea）关于分析机的论文的过程中，添加了许多标记和注解，详尽阐述了使用打孔卡片机计算伯努利数（Bernoulli numbers）的步骤，这项工作标志着计算机编程的诞生。后来人们称阿达·洛夫莱斯为“世界首位程序员”，也就是现代程序员的祖师爷。人们没有忘记她对现代计算机软件工程所作的贡献，1980 年，美国国防部历时 20 年研制成功的第四代计算机语言被命名为“Ada 语言”。

1936 年，著名计算机科学家艾伦·图灵在《伦敦数学学会学

图 4.3　17 岁的阿达·洛芙莱斯画像
（资料来源：迈克尔·奥克斯档案馆）

报》（*Proceedings of the London Mathematical Society*）发表了一篇名为《论可计算数及其在判定问题上的应用》（*On Computable Numbers, with an Application to the Entscheidungsproblem*）的论文，他巧妙地构想了一种虚拟的机器——图灵机。

图灵机是一种理论上的计算模型，它可以计算各种函数。它包含了三个基本元素：一个无限长的纸带，一个读写头和一个状态机。读写头可以移动，读取和写入纸带上的符号，并根据当前状态和读取的符号执行相应的计算操作。图灵机采用数学语言来描述计算机与算法，为现代计算机的设计和发展奠定了理论基础。

1945 年，冯·诺伊曼撰写了《关于 EDVAC 报告书的第一份草案》(*First Draft of a Report on the EDVAC*)，阐述了制造电子计算机与程序设计的理念，在EDVAC（Electronic Discrete Variable Automatic Computer，离散变量自动电子计算机）设计中，计算机包括：运算器、逻辑控制装置、存储器、输入设备、输出设备等。这种架构后来被称为“冯·诺伊曼体系结构”,今天我们使用的计算机基本都采用了这个体系结构。可以认为，图灵机是计算机的抽象模型，而冯·诺依曼架构则是对这个抽象模型的具体实现。

1946 年，世界首台通用电子计算机“埃尼阿克”（ENIAC，见图4.4）在美国宾夕法尼亚大学诞生，由科学家冯·诺依曼、约翰·埃克特（John Eckert）、约翰·莫奇利（John Mauchly）等人完

图 4.4 计算机“埃尼阿克”的主控制面板

（资料来源：北美研究型图书馆协会技术图书馆档案）

成，这台机器体积庞大，总重量达 30 吨，占地面积 170 平方米。“埃尼阿克”的运算速度在当时可谓相当快，每秒可完成 5 000 次加法或 400 次乘法，是其他机器计算速度的一千倍。19 世纪 40 年代，正值第二次世界大战，为满足军事方面的计算需要，美国投入了大量的经费用于计算机研究，“埃尼阿克”的诞生离不开政府大规模的科研投入。

“埃尼阿克”的问世标志着现代计算机的诞生，此后，各种改进版本的计算机不断涌现。当计算机能力变得越来越强时，人们考虑的就是怎样让它变得更加聪明。人们对于创造智能机器的追求从来没有停止过，与“埃尼阿克”问世同一时代，人工智能也诞生了。今天，人工智能已成为计算机技术的一个重要分支。

人类似乎对于改进机器有很强的执念，那么我们为什么一定要去制造和改进机器呢？推动计算机发展的主要动力是什么？一个国家怎样才能发展好计算机学科？这些问题值得我们思考。

是人，还是机器 5

英国人艾伦·图灵出生于1912年，在多个科学领域有杰出贡献，是计算机科学家、数学家、逻辑学家、密码分析学家、理论生物学家，被誉为“计算机科学之父”“人工智能之父”“密码破译之父”。

图灵提出的图灵机模型建立了现代计算机的工作逻辑，通过简单的操作就可以执行复杂的计算任务，为现代计算机的发明奠定了理论基础。图灵在人工智能方面也做出了历史性的开创工作。

1950年，图灵首次提出要让计算机像人一样思考。在论文《计算机器与智能》(*Computing Machinery and Intelligence*) 中，他提出一个影响深远的问题：“机器会思考吗?”图灵并不是在询问机器是否具备生物学意义上的思考能力，而是探究机器是否能够模拟人类思考的过程——让人们无法区分输出来自人类还是机器!

如果机器的行为在某种程度上足够接近人类，以至于我们无法区分，那么我们就可以认为机器在特定意义上“会思考”！这种思考方式，为人们提供了一种评估机器智能水平的框架。

由于上述这个标准并不像数学定义那样严格，充满了主观色彩，很难准确地界定。为此，图灵提出一种评估机器是否具备人类智能的测试方法——图灵测试。

如图 5.1 所示，在测试过程中，测试者与被测试者（一个人和一台计算机）被分隔开，测试者并不清楚被测试的人类和计算机分别在哪个房间。测试者通过一些输入设备（如键盘），向被测试者随意提问。测试者根据被测试者的回答，判断被测试者是机器还是人。经过多次测试后，如果计算机能够让所有测试者误判的平均次数超过总次数的 30%，即认为这台计算机通过了测试，并认为该机器具有人类智能。这就是图灵测试的基本思想。

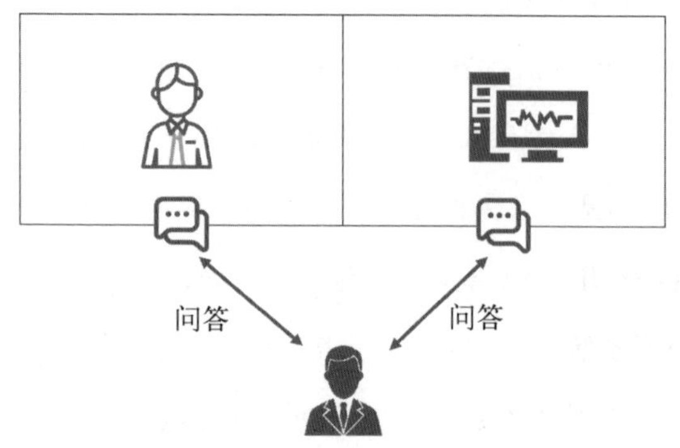

图 5.1　图灵测试示意图

（注：文中未注资料来源的图表均为作者绘制）

图灵测试极大地推动了人工智能的发展，它为人们提供了一种理解和评估机器智能的方法，激励后来的研究者不断追求更高级别的机器智能。图灵曾经预测，到 2000 年人类应该能够使用 10 GB 的计算机设备，制造出可在 5 分钟问答中骗过 30% 成年人的人工智能。然而，从目前的科技发展来看，我们远远落后于这个预测。

图灵测试也存在一些争议和局限性。图灵测试依赖于人的判断，虽然通过增加测试人数可以减少人类主观因素带来的影响，但图灵测试没有规定问题的范围和提问的标准，使得测试结果具有一定的模糊性和不确定性。

“智能”是一个复杂的概念，包括逻辑推理、创造力、情感理解等多个方面，图灵测试更关注语言理解和交流能力，忽略了其他方面的因素，因而即使一个机器通过了图灵测试，也不足以证明它具备了全面的智能。图灵测试还存在“中文屋悖论”（一个不懂中文的人在一个房间里，使用一本中文对照书将中文输入转化为输出，尽管从外界看来他似乎理解中文，实际上并不理解）等问题。美国著名哲学家约翰·塞尔（John Searle）指出，一台机器能够按照预设的规则回答问题，并不表明它理解了问题的含义或掌握了真正的智能。

人工智能系统的多样性正在不断增加，一些智能系统可能只擅长处理特定领域的任务，在其他领域则表现不佳，图灵测试很难准确评估这些系统的智能水平。

图灵测试和他的论文《计算机器与智能》是人工智能研究的基础，开启了人工智能领域的新篇章，为后来者提供了重要的启示，激发了更多的思考。随着人工智能技术的不断发展，人们对机器智能的理解也在不断深化，不再局限于图灵测试的简单框架，而出现了许多更复杂的测试方法。但无论如何，图灵提出的这个问题都将继续引导人们思考机器智能的本质和未来。

让机器和人一样思考，在那个年代无疑是个石破天惊的疯狂想法。回顾历史，很多重大的发现和发明，都来自这些疯狂的想法，或许正如孔夫子说的那样——“狂者进取”罢！作为“人工智能之父”，图灵的理论贡献和实践研究，推动了人工智能领域的发展，为我们理解智能和认知的本质提供了新的视角，他的思想和成就永远铭刻在人工智能的历史长河中。

1966 年，美国计算机协会（Association for Computing Machinery，简称 ACM）设立了图灵奖，用以奖励那些对计算机事业作出重要贡献的个人，它是美国计算机协会在计算机技术方面所授予的最高奖项，被誉为“计算机学界的诺贝尔奖”。

全世界有很多奖项是以科学家的名字命名的，比如著名的诺贝尔奖、数学界的菲尔兹奖、计算机学界的图灵奖、信息学界的香农奖等。不知道你思考过没有，为什么要设立这些奖项？你是用什么态度去看待各种奖项的？

2014 年，有一部电影大片《模仿游戏》（*The Imitation Game*），讲述的就是图灵在二战期间破译德军恩尼格玛（Enigma）密码机并扭转二战局面的故事。图灵热衷于长跑，他认为长跑是他释放巨大工作压力的唯一方法。

一次著名的会议 6

20 世纪 40 年代中期至 50 年代，正值第二次世界大战结束，在相对和平的环境中，全世界诞生了许多非常重要的科学思想，人工智能便是在这样的背景下孕育出来的。

1943 年，神经科学家沃伦·麦卡洛克（Warren McCulloch）与逻辑学家沃尔特·皮茨（Walter Pitts）合作，两个不同领域的一老一少共同探索大脑与逻辑之间的关系，期望用逻辑演算来描述人脑的活动方式——这真是一个伟大的构想！他们发现“人脑是图灵完备的，可以完成任何图灵机能够完成的计算”，并把他们的研究成果《神经活动中内在思想的逻辑演算》（*A Logical Calculus of Ideas Immanent in Nervous Activity*）发表在《数学生物物理学通报》（*Bulletin of Mathematical Biophysics*）上。

在这篇文章中，他们模拟了人类神经元的细胞结构，创造性地提出了麦卡洛克-皮茨模型（McCulloch-Pitts 模型，即 M-P 模型），将“神经元”这一生物学概念引入计算领域，提出了第一个人工神经元模型。M-P 模型就是“神经网络”的开山之作。今天，你也许听说过神经网络，听说过深度学习，听说过人工智能大模型，那我们应该知道，他们的“祖宗”都是1943年麦卡洛克与皮茨提出来的M-P模型。皮茨的人生很有传奇色彩，他曾在芝加哥大学找了一份打扫卫生的工作，如同电影《心灵捕手》(*Good Will Hunting*)里马特·达蒙(Matt Damon)饰演的那样，在打扫卫生时解开了一道数学难题。

他们后来骄傲地说：“这是科学史上的首次，我们知道了我们是怎么知道(认知)的，因此能清楚地讲出来。”(For the first time in the history of science *we know how we know* and hence are able to state it clearly.)这是发现了上帝奥秘的激动！如果让我用一句诗来形容这种心情，那我一定会选择里尔克的“我认出了风暴而激动如大海”。

1948年，诺伯特·维纳(Norbert Wiener)提出“控制论”(Cybernetics)理论，这后来发展成了人工智能中的行为主义学派。维纳是天才少年，兴趣尤其广泛，各方面都有涉猎，是一个杰出的科学家。他不善于与合作者相处，比如他错误地与麦卡洛克和皮茨决裂。当时，据说“Cybernetics”也是人工智能这一方向的候选单词，但很多人想远离维纳，最后选择了“Artificial Intelligence”这个说法。

1950年，克劳德·香农发表了一篇题为《计算机下棋程序》(*Programming a computer for playing chess*)的论文，探讨了计算机在国际象棋领域的应用。“信息论之父”香农也是一位天才科学家，他不仅是信息论的创始人，而且在计算机、密码学、人工智能等方面作出了奠基性的贡献。可以说香农是可以和牛顿、爱因斯坦比肩的大科学家，如果从对人类社会的影响来看，香农可能比爱因斯坦的贡献更大。

1950 年，图灵发表了名为《计算机器与智能》的文章，提出了著名的图灵测试，我们在上一节中专门介绍过。

1951 年，马文·明斯基（Marvin Minsky）设计出随机神经网络学习机 SNARC（Stochastic Neural Analog Reinforcement Calculator），并为它取了一个很酷的名字“谜题解决者”（Maze Solver），SNARC 模型使用 3 000 个真空管模拟了 40 个神经元，它能够学习如何去解决具体问题，这标志着人工神经网络可以走向应用——机器同样可以拥有类似人类的学习能力！明斯基有一句名言：“大脑无非是肉做的机器。”（The brain happens to be a meat machine.）

至此，人工智能已经呼之欲出了！

1956 年 6 月至 8 月间，在美国汉诺斯小镇宁静的达特茅斯学院中，科学家们召开了一场暑期研讨会。这次会议被载入史册，它对于人工智能的发展具有重要意义。在这次会议上，“人工智能”一词被正式使用，它被定义为“使用机器模拟人的学习能力与各种智能”。

后世将此次会议称为“达特茅斯会议”，1956 年就此成为

“人工智能元年”。许多杰出的科学家参与了达特茅斯会议，包括克劳德·香农、约翰·麦卡锡、马文·明斯基、赫伯特·西蒙、艾伦·纽厄尔（Alan Newell）、亚瑟·塞缪尔、雷·所罗门诺夫（Ray Solomonoff）等，他们中的很多人都被称为“人工智能之父”。

参加达特茅斯会议的科学家们共同探讨了用机器来模仿人类学习以及其他方面智能的可能性，包括以下方面：（1）如何对机器编程以便更好地利用计算机的能力；（2）如何让计算机理解和使用语言；（3）如何用神经网络来表达概念；（4）如何定义计算效率和复杂性；（5）如何实现机器的自我改进；（6）如何实现对象的抽象表示；（7）如何实现随机性和创造性。这些问题与思考，推动了全世界的科学家们从多个角度去探索人工智能的各种解决方案。

世界上有许多重要的学术会议，通过探讨科学上的困难问题、前沿问题、重要问题等，推动了人类科技的进步。比如大家熟知的 1927 年第五届索尔维会议，有爱因斯坦等十多位诺贝尔奖获得者和著名科学家们一起讨论量子力学。达特茅斯会议完全可以与索尔维会议相媲美，它是人工智能发展历程中的重要里程碑。

让我们思考一下人工智能的兴起与发展，以及它背后的科学和社会因素，或许可以从中汲取经验。从索尔维会议到达特茅斯会议，你想到了什么？中国也正积极推动人工智能领域的发展，期望有一天，中国也能有这样的会议！

不知道你怎么看 7

自从 1956 年达特茅斯会议提出人工智能的概念后，许多科学家投入到人工智能研究中，围绕着人工智能怎么实现，逐渐形成了三大流派（见图 7.1）：符号主义、连接主义和行为主义。它们代表了不同的思考角度。也有其他不同的分法，但通常认为这三大流派是人工智能的主要流派。

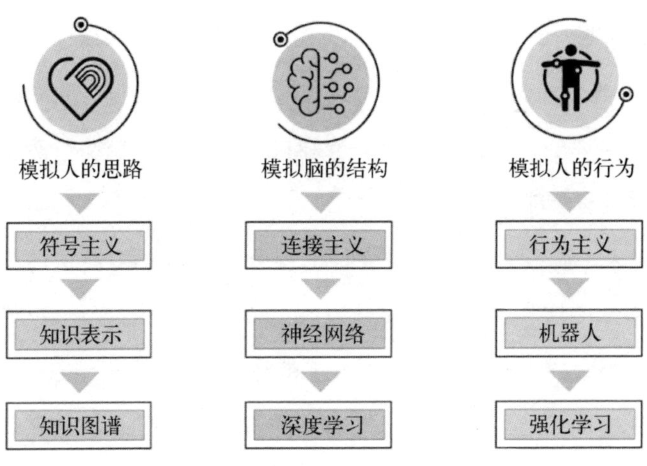

图 7.1　人工智能三大流派

符号主义认为“智能”是符号的运算。许多学者认为，人类的思维过程就是对符号（如文字、数字、图像等）进行运算和处理的过程，人工智能系统应当像人一样理解和运用符号。科学家们做了很多探索与尝试，试图将人类的思维过程形式化，使用计算机来模拟人类的推理、学习和决策等智能行为。

早期的人工智能研究侧重于符号主义。符号主义者们开发了几种方法：知识表示是一种，目标是将现实世界中的知识转化为计算机能理解和处理的符号，从而实现机器的智能；逻辑推理是一种，比如各种定理证明器可以将几何定理转化为数学符号之间的逻辑关系；专家系统也是一种，它在后期被广泛应用，它让计算机根据人类专家的知识来解决问题。

连接主义则认为“智能”是神经元的连接。他们的核心思想是模拟人脑神经元的连接和交互方式，因而他们又被称为“仿生学派”。他们认为人类的智能是通过大量神经元之间的复杂连接和交互来实现的，因而只要能够准确模拟人脑的机制，当然就可以让机器具有智能。

后来，随着计算机硬件性能的提升、深度学习算法的突破以及数据量的增长，连接主义成为人工智能的主流，科学家们构建出各种强大的人工智能系统。人工神经网络（Neural Network）是连接主义的核心方法，它通过训练模型，让机器对特定任务进行分析。以识别猫的图片为例，我们可以将图片中猫的不同特征数据输入到神经网络，经过多次训练（学习），通过调整连接就能建立一套好的模型，让机器具备正确识别猫的能力。目前的深度学习和大模型都是连接主义的产物。

行为主义则认为“智能”是行为的反馈。许多学者认为，人工智能可以在交互和反馈中建立起来，通过感知外部环境的变化，逐步适应环境并对智能体进行优化和改进。行为主义在智能机器人、自动控制、智能游戏等领域有广泛的应用前景。

强化学习是行为主义的代表性技术，它建立了奖励机制，引导智能体进行学习和决策。智能体在尝试不同的行动后，会获得相应的奖励或惩罚，然后调整自己的行动策略，实现奖励最大化或惩罚最小化。前面提到的计算机智能下棋，就是在每一步中计算奖惩。

符号主义、连接主义、行为主义是人工智能领域的三大流派，它们从不同的角度和层面来理解和模拟人类的智能行为，各有其特点和优势。这些流派并非彼此排斥，很多场合他们可以相互融合与借鉴，从而更好地解决复杂问题。

总之，“怎样让机器拥有智能”这个问题会一直延续下去。不知道你怎么看待这个问题？或许，你的想法会发展成人工智能的下一个流派，从而改变世界！

在过去的七十多年中，人类不断探索各种可能的人工智能新技术，图 7.2 展示了人工智能技术发展的大致历程，粗略可以分为：兴起、第一次寒冬、复兴、第二次寒冬、重新崛起等几个阶段，下一章我们将按照时间顺序，对人工智能的发展史进行简要的介绍和总结。

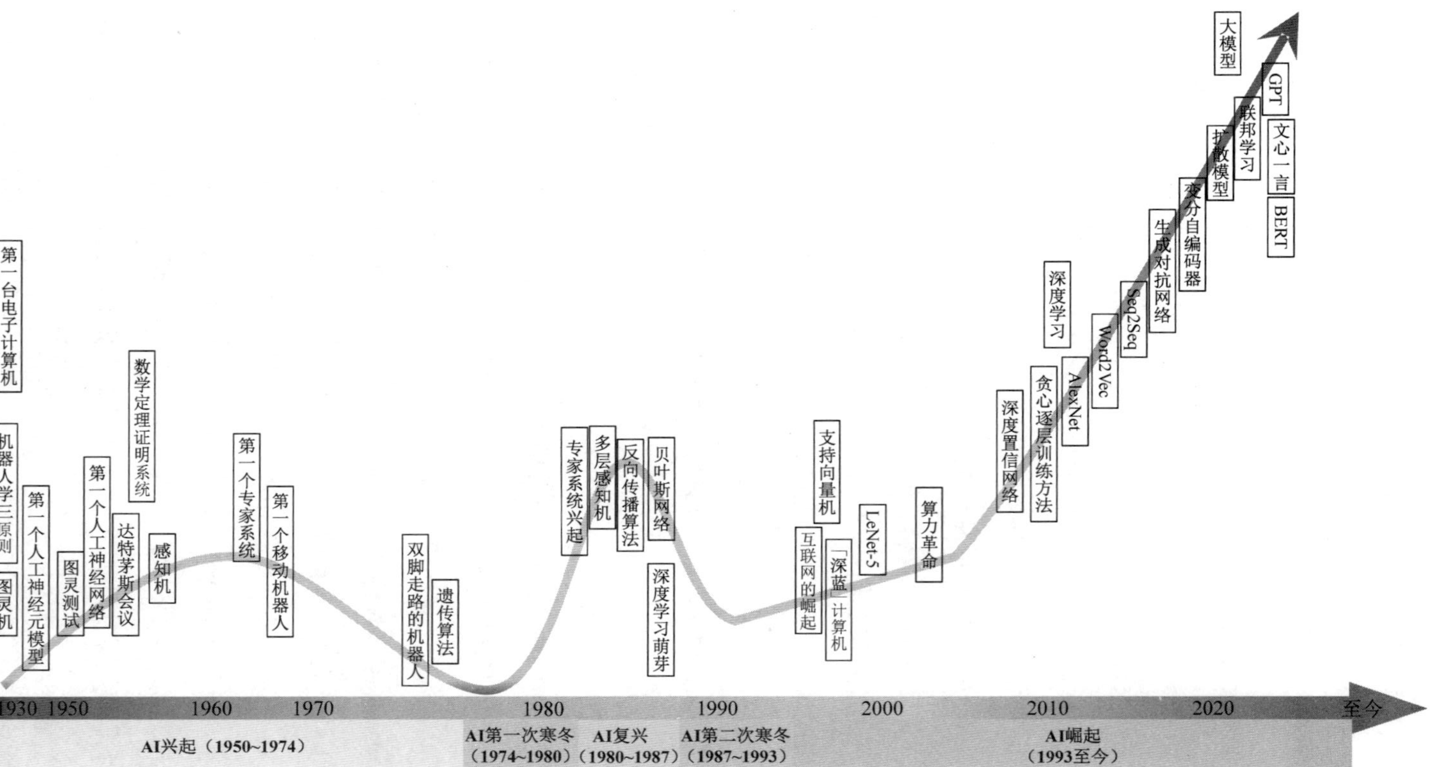

图 7.2　人工智能的发展趋势及重要事件

02

人工智能简史

A Brief History of AI

人工智能的兴起 8

1956 年，赫伯特·西蒙、艾伦·纽厄尔与软件工程师约翰·肖（John Shaw）一起，在卡内基梅隆大学的计算机实验室研制出“逻辑理论家”（Logic Theorist），这是第一个刻意模仿人类解决问题技能的程序，这个计算机程序自动证明了伯特兰·罗素（Bertrand Russell）和阿弗烈·怀特海（Alfred Whitehead）所撰数学名著《数学原理》（*Mathematical Principles*）中的 38 个定理，它的成功推动了人工智能的重要流派“符号主义”的研究。1975 年，西蒙与纽厄尔因为在人工智能方面的开创性研究工作，共同获得了图灵奖。西蒙是诺贝尔经济学奖得主，他是一代宗师，其研究领域之广、研究成果之丰富实属举世罕见，他在自传《我生活的种种模式》（*Models of My Life*）中将科学研究比喻为迷宫，他在这个迷宫中有很多新的发现，唯一遗憾的是这些发现没有完全连成线，但它们都足够优秀。

“连接主义”在 1957 年取得了重要进展，继提出 M-P 神经元模型之后，发展出了第一个实用的神经网络模型——弗兰克·罗森布拉特（Frank Rosenblatt）提出感知机（Perceptron）的想法

（见图 8.1），并搭建了一个可实用的机器，该机器采用监督学习方法来解决二分类问题。感知机输入各种特征，学习应赋予每个特征的不同权重，将这些特征加权求和之后通过激活函数实现二分类。换句话说，我们日常生活中要通过外形判断一个苹果是否甜，可以考察苹果的大小、色泽、饱满度、果蒂情况等特征，当我们拿很多苹果做了试验之后，就能了解上面这些特征在判断苹果甜度过程中的重要性。

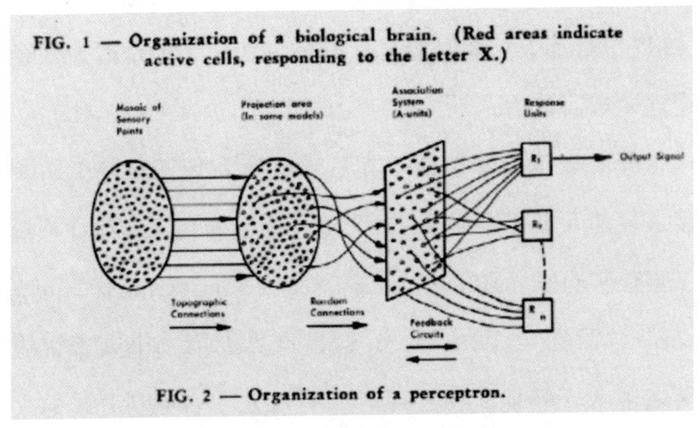

图 8.1　罗森布拉特的感知机原理图
（资料来源：康奈尔大学图书馆珍稀品和手稿收藏处）

罗森布拉特认为感知机将能学会读文章，他在 1958 年写道："创造具有人类特点的机器，一直是科幻小说中令人着迷的领域。我们即将在现实中见证这种机器的诞生，它不依赖人类的训练和控制，就能感知、识别和辨认出周边环境。"然而，这个愿望直到60年后大规模深度学习神经网络出现，才真正实现。2004年，美国电气电子工程师学会（Institute of Electrical and Electronics Engineers，简称IEEE）设立了IEEE弗兰克·罗森布拉特奖（Frank Rosenblatt Award），以纪念他在人工智能研究方面的贡献。

据说，罗森布拉特因为研究感知机神经网络获得很多研究经费，媒体也烘托他的研究成果将可以模拟人脑，罗森布拉特因此在生活上变得张扬起来，这使得很多人对他产生了看法。罗森布拉特后来遭到明斯基的攻击，他的研究资助逐渐变少，1971年，他在43岁生日那天划船时淹死，有种说法认为他是因为神经网络研究遭遇困难而自杀。

1958年，麦卡锡和明斯基先后转到麻省理工学院工作，共同开启了该校的人工智能项目，后来演化为麻省理工学院计算机科学和人工智能实验室（MIT Computer Science and Artificial Intelligence Laboratory，简称MIT CSAIL），这是世界上第一个人工智能实验室。著名的人工智能实验室还有：加州大学伯克利分校的人工智能研究室（Berkeley Artificial Intelligence Research，简称BAIR）、斯坦福大学的人工智能实验室（Stanford Artificial Intelligence Laboratory，简称SAIL，麦卡锡离开麻省理工学院之后在斯坦福创建的实验室）、卡内基梅隆大学的机器人学院（Carnegie Mellon Robotics Academy，简称CMRA）、加拿大蒙特利尔大学的机器学习研究所（Montreal Institute for Learning Algorithms，简称MILA）

等。有志于从事人工智能研究的青年朋友们，以后可以到这些实验室学习和交流。

智能机器人也在这个时期兴起，成为人工智能中的一个重要研究方向。1959 年，美国发明家乔治·德沃尔（George Devol）和物理学家约瑟夫·恩格尔伯格（Joseph Engelberger）发明制造了世界上第一个工业用的智能机器人“尤尼梅特”（Unimate，见图 8.2）。1961 年，该机器人在美国新泽西州通用汽车公司完成安装，辅助汽车生产，它是世界上第一个在工业环境中实际应用的机器人，后来被广泛应用到汽车公司。今天我们看到各大汽车制造企业中使用的机械臂智能机器人，它们的鼻祖都可追溯到“尤尼梅特”。

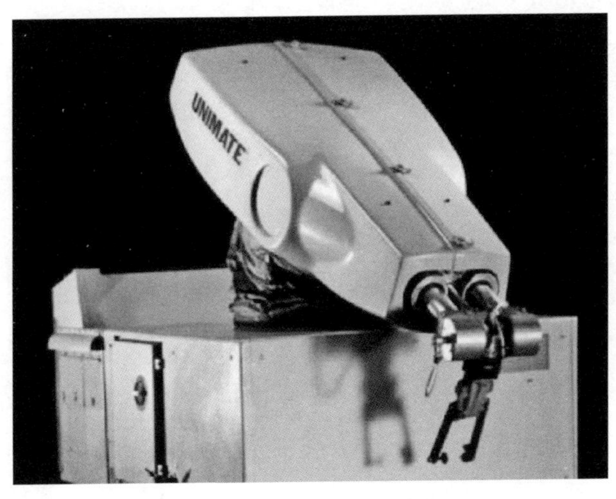

图 8.2　第一台工业机器人“尤尼梅特”
（资料来源：《科技纵览》〔*IEEE Specreum*〕杂志）

1959 年，逻辑学家王浩在一台 IBM 704 型号的计算机上，只用 9 分钟就证明了《数学原理》中一阶逻辑部分的全部定理，这表明机器完全可以具备人的逻辑推理能力。王浩先生是著名的数理逻辑学家，1943 年毕业于西南联合大学数学系，1945 年毕业于清华大学哲学系，曾师从著名逻辑学家金岳霖。1948 年，王浩从哈佛大学逻辑学专业博士毕业。王浩先生是做出世界级贡献的华人哲学家，因为在数理逻辑方面的工作，他获得了哈佛大学威廉·詹姆士讲座与牛津大学约翰·洛克讲座的荣誉，这两项荣誉堪与诺贝尔奖媲美（哲学没有诺贝尔奖），这些讲座中有伯特兰·罗素、罗伯特·奥本海默（Robert Oppenheimer）、诺姆·乔姆斯基（Noam Chomsky）等国际大师。

1958 年，约翰·麦卡锡在麻省理工学院创造了 Lisp 语言（List Processor 的缩写，意为“表处理”），这种高级编程语言对人工智能的发展产生了重要影响，许多著名的人工智能系统都采用 Lisp 语言进行开发。麦卡锡提出的 Lisp 语言思想，甚至直接影响了后来的 Python 语言——今天人工智能的主流开发语言。前文我们也提过，1956 年麦卡锡发起达特茅斯会议时，率先提出了“人工智能”这个概念，当时他有一个宏伟的计划，打算在十个月内设计出一台具有真正智能的机器。为了进一步开展研究，麦卡锡建立了世界上第一个人工智能实验室，培养了大量的人工智能人才。由于麦卡锡对人工智能发展的巨大贡献，他被授予人工智能最高奖——图灵奖。

1966 年，麻省理工学院的约瑟夫·维森鲍姆（Joseph Weizenbaum）教授创建了第一个聊天机器人“伊莉莎”（Eliza），这是一个人机对话软件，用户输入单词，计算机将它们与可能的响应列表配对，输出相应的聊天内容。它的诞生为智能聊天机器人的发展奠定了基础。据说当年该聊天机器人在麻省理工学院公布后引发热议，很多人猜测是不是机器背后有一个真人。维森鲍姆在后来的研究中，一直保持对人工智能的质疑态度，他反思人工智能与人之间的关系，反对用机器代替人来开展工作，探讨人工智能的伦理与道德问题。

1966 年，斯坦福研究所（SRI International）的查理·罗森（Charlie Rosen）研制出世界上的第一个移动机器人“沙基”（Shakey，见图 8.3），它首次全面使用了人工智能技术。该机器人能够自主进行感知、环境建模、行为规划并执行任务（如寻找木箱并将其推往指定位置）。它装备了电子摄像机、三角测距仪、碰撞传感器和驱动电机，由两台计算机通过无线通信系统控制。由于当时的计算机运算速度非常缓慢，因而该机器人的动作相对缓慢，但这种创新的设计为后来的智能机器人研究打开了思路。

1968 年，爱德华·费根鲍姆（Edward Feigenbaum）与诺贝尔生理学或医学奖得主约书亚·莱德伯格（Joshua Lederberg）共同研制出了世界上第一例成功的专家系统——DENDRAL 系统。这是大型人工智能系统应用的历史性突破，表明大型专家系统可以

图 8.3 第一台可移动机器人“沙基”
（资料来源：美国计算机历史博物馆）

在各种专业领域发挥作用。

1972 年，麻省理工学院的特里·维诺格拉德（Terry Winograd）开发了 SHRDLU 系统。这是一个基于自然语言处理的对话系统，在充满不同积木的虚拟环境中，用户可以通过自然语言指挥机器人，让它用手将积木摆放到新的位置，并回答人的各种问题。

1972 年，日本早稻田大学研制出全世界第一个人形智能机器人 WABOT-1（见图 8.4），身高约 2 米，拥有肢体控制系统、视觉系统和对话系统，胸部装有两个摄像头，手部还装有触觉传感器。

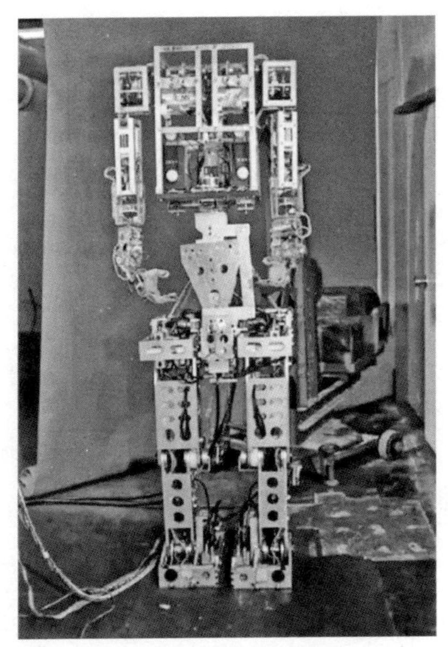

图 8.4　人形机器人 WABOT-1
（资料来源：日本早稻田大学）

WABOT-1 可以通过视觉和听觉来识别环境，与人进行简单的日语对话，并以两足步行的方式进行移动。此后人形智能机器人研究不断进步，如今波士顿动力公司的人形智能机器人已能够做出许多人类做不到的动作。

许多人工智能新技术是在大学的实验室孕育出来的，也有很多企业在研发新的人工智能技术。让我们思考一下，实验室和企业在人工智能探索方面有什么不同？企业与人工智能之间是一种什么样的关系，企业对于人工智能的发展有怎样的推动作用？

第一次寒冬 9

20 世纪 70 年代，人工智能研究经历了第一次寒冬。1973 年，著名数学家詹姆斯·拉特希尔（James Lighthill）向英国政府提交了关于人工智能发展状况的报告，批评人工智能的很多目标根本无法实现，人工智能的价值遭到了严重质疑。随后，英国科学研究委员会削减了对人工智能研究的资助，美国国防高级研究计划局也大幅削减对人工智能研究的资助。1974 年开始，各国纷纷削减或停止了对人工智能研究的投入。

1969 年，马文·明斯基和西蒙·派珀特（Seymour Papert）对弗兰克·罗森布拉特的感知机提出了质疑。作为人工智能的奠基人之一，明斯基在书中指出：单层感知机本质上是一个线性分类器，无法求解非线性分类问题，甚至连简单的异或问题（XOR）都无法求解。

感知机就像是一个“分界线”画家，它能够帮助我们区分不同的事物。比如区分纸上的圆形和三角形，感知机可以在圆和三角形中间画一条线，线的一边都是圆形，另一边都是三角形，这样就能快速区分两种图案。但是，感知机的分类有明显的缺点，它只能区分简单的图形分布，对于稍微复杂一点的情况（异或问题），无论怎么绘制直线，都没有办法把圆形和三角形区分开来（如图 9.1）。

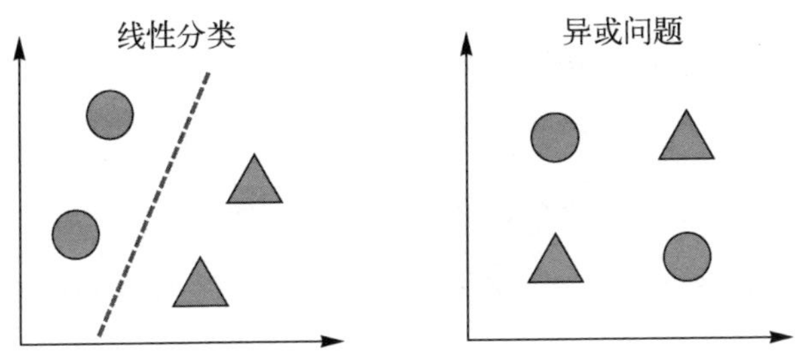

图 9.1　线性分类器的缺陷

单层感知机的这一局限，使得连接主义备受质疑，明斯基的影响力加深了这一质疑，同时由于当时硬件设备的限制，多层感知机很难实现，导致连接主义沉寂了很长一段时间。事实上，采用多层感知机就可以大幅度减少单一感知机的线性缺陷，使其能够区分复杂的数据分布。但由于当时的硬件技术不够发达，仅实现单层感知机就需要大量的线路连接，需要很大的资源开销。

在这个人工智能的寒冬期，还有许多研究者并没有放弃探索。他们开始了新的探索，比如基于概率和统计的机器学习方法，为后来的人工智能发展奠定了基础。一些实际应用也开始出现，如专家系统的出现，使得人工智能在某些特定领域取得了一定的成功。

与此同时，各界将目光投向计算机算力的提升。1974 年，英特尔（Intel）发布了 8 位中央处理器的微处理器芯片 8080，它拥有 16 位的数据线和地址总线，是著名的 x86 体系架构的前身。这款处理器被广泛用于各种计算机和嵌入式系统中，大幅推动了计算机技术的发展。

1975 年，美国的微型仪器与自动测量系统公司（MITS）基于 Intel 8080 CPU 设计并发布了 Altair 8800（见图 9.2），它被认为是第一台真正意义上的“个人电脑”。Altair 8800 的售价为 375 美元，带有 1KB 存储器。由于其价格相对较低，易于操作和拓展，受到第一批计算机爱好者们的追捧，该电脑可以附加键盘、计算机监视器、磁盘驱动器。Altair 8800 推动了计算机技术的普及和发展，对个人电脑设计产生了重要影响，今天我们使用的台式机、笔记本电脑都受到它的影响。

图 9.2　第一台“个人电脑”Altair 8800

（资料来源：美国计算机历史博物馆）

许多研究者投入到专家系统的研究中，致力于构建更加完善的知识库，以涵盖更广泛的领域知识和规则。专家系统利用计算机的计算能力，模拟人类专家在特定领域中的决策过程，解决该领域内的复杂问题。一般来说，专家系统包含用户界面、推理引擎、知识库等模块（见图 9.3）。

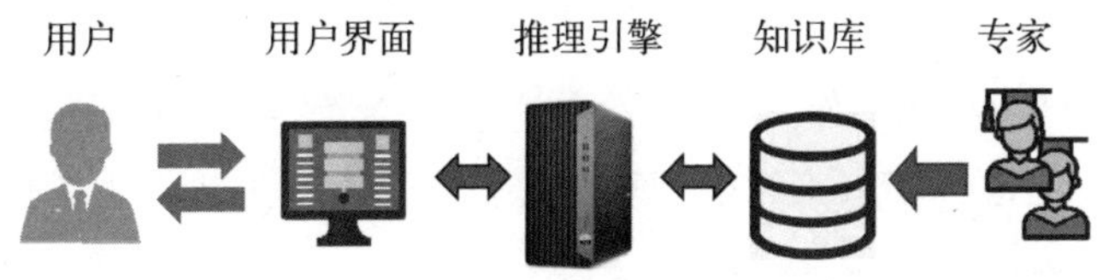

图 9.3　专家系统示意图

专家系统的核心是知识库和推理引擎。知识库存储了大量的领域知识和规则，它们是人类专家在长期实践中积累下来的宝贵经验，是专家系统进行决策的依据。推理引擎则根据知识库中的规则和数据，进行逻辑推理和计算，得出问题的解决方案。用户界面可以让用户方便地与专家进行沟通和交流。通过用户界面，用户可以输入问题、获取解答，与专家进行实时互动。

这些努力使得专家系统在许多领域中都得到了应用。例如，在医疗领域，专家系统可以根据病人的症状和病史，快速地诊断疾病并推荐治疗方案。1978 年，斯坦福大学研制的 MYCIN 专家系统能够识别 51 种病菌，正确处理 23 种抗生素，通过输入患者的病史、症状和化验结果，系统可推理出可能导致感染的细菌，并给出治疗用药建议。IBM 的 Watson for Oncology 医学专家系统，利用海量的医学文献和病例数据，辅助医生给出癌症的诊断和治疗建议，通过分析患者病历、基因测序信息、病理切片等数据，提供个性化的治疗方案。

除了专家系统，人工智能的其他研究分支也有所发展。1975年，约翰·霍兰德（John Holland）出版了《自然与人工系统中的适应》（*Adaptation in Natural and Artificial Systems*），提出了遗传算法，并基于此建立了人工智能领域的遗传学派，认为机器可以像自然界的生物一样通过训练来适应环境。

不难发现，人工智能的寒冬除了与技术路线有关，与经济状况也有很大的关系。为什么投入减少了，人工智能的发展就停滞不前呢？科学研究是不是一种奢侈品？

人工智能复兴 10

人工智能的第一次寒冬，给该领域的研究者们带来了沉重的打击。随后，研究者们开始寻找新的突破口，期待重燃人工智能研究的火焰。于是，专家系统逐渐崭露头角，成为当时的研究热点，20 世纪 80 年代也成了人工智能的复兴时期。

在这个阶段，连接主义取得许多重要突破，尤其是针对神经网络的一系列研究成果，为今天深度学习的大发展奠定了基础。

日本科学家福岛邦彦（Kunihiko Fukushima）于 1980 年提出了“新认知机”（neocognitron），提出通过网络结构来模拟人脑的运行，他最先将动物的神经网络复制到计算机上。福岛邦彦与神经生理学、心理学和神经回路模型这三个领域的人一起探索大脑机制，他创建了一个简化的抽象模型，合成与大脑有相同反应的网络。福岛邦彦将这个新的神经网络模型命名为“新认知机”，是为了说明这是对“感知机”的改进。很多人认为是福岛邦彦发明了卷积神经网络，它是深度学习的雏形。福岛邦彦退休后，每天还在自家的小研究室做学术研究，八十多岁还在读论文、思考新方法、写文章，经常有好的研究成果问世，这种精神令人敬佩！

1982年，美国加州理工学院的生物物理学家约翰·霍普菲尔德（John Hopfield）提出了霍普菲尔德人工神经网络模型，这种模型通过联想记忆来进行学习。联想记忆是一种可能通过部分信息回忆起完整信息的能力，例如，闻到某种气味会想起某个人或场景。以往的模型从输入到输出是单方向的，而霍普菲尔德模型却引入了反向连接（反馈），用于实现联想记忆，以便在实际应用中更好地实现判别。

在这个时期，研究人员一直在持续改进神经网络。1985年，著名的人工智能科学家杰弗里·辛顿（Geoffrey Hinton）提出了受限玻尔兹曼机（Restricted Boltzmann Machine），这是一种包含了可见层和隐藏层的多层神经网络，可学习输入数据的概率分布，在分类和预测等任务中表现出色。

“反向传播”这一研究成果尤为重要，它拉开了深度学习的大幕，也是当今大模型能够成立的重要理论支撑。1986年，杰弗里·辛顿联合他的同事大卫·鲁姆哈特（David Rumelhart）、罗纳德·威廉姆斯（Ronald Williams），在国际著名期刊《自然》（*Nature*）上发表了学术论文《通过反向传播算法实现表征学习》（*Learning representations by back-propagating errors*）。该论文提出了“反向传播”算法，可大幅度降低训练神经网络所需要的时间。该算法通过计算误差并反向传播，调整网络权重，从而最小化误差，实现更有效的学习。反向传播算法是连接主义的核心算法，也是后来深度学习的理论基础。

杰弗里·辛顿是世界闻名的人工智能科学家、心理学家，他因为在神经网络领域的杰出贡献而获得图灵奖，被誉为当代的“人工智能教父”，培养了一大批人工智能科学家。辛顿的家族人才辈出。他的父亲是昆虫学家，曾祖父是数学家和科幻作家，曾祖母的父亲是布尔代数的发明人，曾祖母的妹妹是著名小说《牛虻》的作者，曾祖母的叔叔是地理学家乔治·艾弗斯特（George Everest，西方将“珠穆朗玛峰”称为 Everest，就是以他的名字命名的）。他的家族中还有两人与中国有着不解之缘：他的叔叔威廉·辛顿（William Hinton，中文名韩丁）是一名社会学家，他 1945 年来中国后写下《翻身——中国一个村庄的革命纪实》等著作；韩丁的妹妹琼·辛顿（Joan Hinton，中文名寒春）则是极少数参与过“曼哈顿计划”的女科学家，她是杨振宁和李振道的同学，后来到中国参加革命，也一直生活在中国。这个家族还有很多优秀的人物，家族的榜样是无穷的，辛顿曾经说：“我大概在 7 岁时就意识到，不读博士不行了。”

除了理论上的突破，人工智能在应用领域也取得了显著进展。1986 年，美国卡内基梅隆大学的著名印度裔科学家罗杰·瑞迪（Raj Reddy）带领团队，研发出第一辆通过传感器自动导航的无人驾驶汽车 Navlab 1（见图 10.1）。他们使用摄像头、激光雷达、

图 10.1 Navlab 自动驾驶车
（资料来源：卡内基梅隆大学机器人研究所）

GPS 等传感器来获取车辆周围的环境信息，而后进行环境感知、车辆定位、路径规划和控制决策，实现车辆在道路上的自主导航和驾驶。这也为今天自动驾驶技术的发展奠定了基础。

在人工智能复兴时期，人工智能研究取得了很多成就。神经网络获得了很大的发展，提出了新的神经网络形态。该阶段提出的反向传播等理论为后续的人工智能大发展提供了关键支撑。

回顾神经网络的发展，恰似一条奔涌向前的大河。最初只是麦卡洛克和皮茨的神经元逻辑表达，后来罗森布拉特提出了感知机，福岛邦彦、霍普菲尔德等人对感知机进行了改进，而辛顿提出了反向传播方法……人工神经网络研究者如同不同的小溪，汇聚成大河奔向大海。

说到这里，你或许会产生一个疑问，我们为什么要做科学研究？人们开展研究的热情主要来自哪里？

第二次寒冬 11

20世纪80年代后期到90年代初期，人工智能遭遇了第二次寒冬。此前的人工智能研究成果让社会产生了过高的期望，但随着时间的推移，人工智能的应用并没有在短时间内取得突破。同时，数据获取难、计算资源受限、解决实际问题能力不足等问题，也制约了人工智能的实际应用，因而投资者逐渐失去了信心，收回投资并撤出人工智能行业。

当时的全球经济形势巨变，石油危机等经济事件导致全球性的经济衰退，许多企业和机构大幅削减对人工智能的研究投入，各地政府也调整科技产业支持政策，人工智能领域的资金支持陷入困境。许多研究项目被迫中断或取消，不少优秀的研究者离开了人工智能领域。

不过，尽管当时的环境对人工智能发展不利，但还是有一些新的研究进展，为后来的人工智能大发展埋下伏笔。

1988年，朱迪亚·珀尔（Judea Pearl）将贝叶斯定理引入人工智能领域，提出贝叶斯网络，创立了人工智能中实现不确定性推理的贝叶斯分支，它提供了一种表示因果信息的方法，后来逐步成为处理不确定性信息的主流技术，在医疗诊断、工业控制等领域的许多智能系统中发挥了重要作用。

1988 年，罗洛 · 卡彭特（Rollo Carpenter）创建了聊天机器人 Jabberwacky（jabber 有“喋喋不休”的意思），目标是以有趣的方式模拟自然人类的对话。为实现这一目标，他提出了“上下文模式匹配”的方法，基于对话历史和当前上下文来生成响应内容，通过分析之前的对话内容，理解当前的对话，并生成合适的回应。它能够处理具有一定复杂性的对话，并保持输出的连贯性和一致性。

1989 年，贝尔实验室的杨立昆（Yann LeCun）等人将反向传播算法引入到福岛邦彦的新认知机，让其中的卷积计算进一步简化，这个研究成果已经非常接近于后来的卷积神经网络（Convolutional Neural Network，简称 CNN）了，其意义不言而喻。许多人都认为，卷积神经网络就是从这项工作中提出来的。杨立昆因为在卷积神经网络和图像识别等方向的突出成就，被授予 2018 年的图灵奖。杨立昆本名扬 · 勒丘恩，由于研究人工智能的华人一直称他为“杨乐康”，后来他就给自己取了个中文名杨立昆。

1989 年，英国人蒂姆 · 伯纳斯–李（Tim Berners-Lee）提出了万维网（World Wide Web）的构想并于 1990 年正式创立。1991 年，明尼苏达大学开发出第一个连接互联网的友好接口，互联网迅速崛起并风靡全球。1993 年，因特网（Internet）开始商业化运行。

随着互联网技术的飞速发展，人类已经迈入了大数据时代。这一时代变革让知识共享、数据生成、信息传播变得前所未有的快捷，为人工智能的发展提供了新的机遇。

1993 年，美籍华人黄仁勋（Jensen Huang）在美国硅谷成立英伟达（Nvidia）公司并担任 CEO，生产图形处理器（Graphics Processing Unit，简称 GPU）。英伟达后来成为全球最大的显卡生产公司，其生产的显卡为人工智能所需的算力提供了重要支撑。

与其说这是人工智能的寒冬期，不如说这是黎明前的黑夜。探索新的方法、发明新的技术、创立新的公司，这些创新与创造在这个阶段都没有停止。随着互联网与计算机技术的大发展，推动人工智能前进的三驾马车——数据、算力、算法——在这个阶段的飞速发展，人工智能的崛起指日可待。

重新崛起 12

在20世纪90年代后期，数据、算法日趋丰富，算力日趋增强，人工智能迎来了新一轮大发展。随着互联网的普及，全世界社交媒体、电商平台等互联网应用中产生了海量的数据，包括文本、图像、音频和视频等，它们为人工智能的大发展提供了学习的样本。利用这些数据训练模型，可以让机器更好地理解和模拟人类的智能。

除了数据的增长，各种新的机器学习算法也不断涌现，机器能够更好地从数据中学习模式和规律，并能够针对实际应用场景进行自我优化和调整，这些算法在处理图像识别、语音识别以及自然语言处理等领域的问题时表现出了优秀的能力。

在计算资源方面，新型软硬件平台的出现，带来了算力的大变革。图形处理器和人工智能芯片等硬件技术的进步，为人工智能提供了更好的计算能力。硬件的进步不仅提高了数据处理的速度，还使人工智能处理复杂算法成为可能，推动了人工智能的快速发展。

1995 年，贝尔实验室科学家科琳娜·科尔特斯（Corinna Cortes）和统计学家弗拉基米尔·万普尼克（Vladimir Vapnik）共同提出了支持向量机（Support Vector Machine，简称 SVM）这一重要的机器学习模型。SVM 的热度在业界持续了十多年，它是一种强有力的监督学习算法，在处理小样本、非线性、高维模式识别等任务时，展现出优异的性能，被广泛用于分类和回归分析。

1995 年，IBM 推出了“沃森”（Watson）超级计算机，名字来自 IBM 的创始人托马斯·沃森（Thomas Watson）。它的体积相当于 10 台普通冰箱，由 90 台 IBM 服务器、360 个计算机芯片驱动组成，拥有 15TB 的存储容量、2 880 个处理器，每秒可执行 80 万亿次运算。“沃森”基于 IBM 的“DeepQA”（深度开放域问答系统工程）技术，存储了海量数据，包括图书、新闻、电影剧本资料、辞海、文选和《世界图书百科全书》等数百万份资料。通过自然语言处理技术，“沃森”可以从非结构化数据中寻找答案，在不到 3 秒钟的时间里，从数据库搜索出最相关的答案。2011 年，“沃森”在与美国著名智力竞赛节目“危险边缘”的冠军选手的比赛中取得胜利，这是人工智能领域取得进步的又一标志。

1997 年，“深蓝”计算机的胜利（见图 12.1）标志着人工智能在特定领域取得了重大突破。“深蓝”机器重达 1 270 公斤，配备了 32 个微处理器，每秒钟能够计算 2 亿步。IBM 公司为“深蓝”输入了 200 多万局国际象棋对局数据，囊括了一百年来优秀棋手们

图 12.1 1997 年击败卡斯帕罗夫的“深蓝”计算机
（资料来源：美国计算机历史博物馆）

的对战棋局，“深蓝”能在 1 秒内计算出 2 亿种走棋的可能性，通过算法来寻找最佳招式，它的能力已经超出了人类。“深蓝”计算机是数据和算力结合的典范，极大地增强了人们发展人工智能的信心。

2000 年，索尼公司推出了 AIBO 机器狗，这款外观如同小型金毛犬的机器宠物，能够跟随家人走动，进行语音交流，并展示各种情绪。AIBO 在日语中的意思是“伙伴”，它能自主行动和学习，可以感知并适应环境，甚至可以与家用智能电器进行交流，例如与智能微波炉通信，让它在主人下班后开始制作点心，或者与智能洗衣机或烘干机配合，提醒主人洗衣机已完成工作。

21 世纪初，人工智能在无人驾驶汽车领域取得突破。2001 年，美国在阿富汗战争中饱受路边炸弹的威胁，军方希望研发无人驾驶汽车来减少伤亡。2017 年，美国国会众议院还通过了一项无人驾驶法案，美国多家单位开始研发无人驾驶汽车。

斯坦福大学的塞巴斯蒂安·特伦（Sebastian Thrun）带领团队开发了“斯坦利”（Stanley）无人驾驶汽车，“斯坦利”配备了多种先进的传感器来采集数据，车顶安装了 5 颗雷达，用于构建周围环境的三维模型，结合 GPS 实现精确定位和导航，使用摄像头探测周围汽车的行驶状况，使用轮胎上的码表精确测定行驶里程。

人工智能改变了大家的认知，大家都知道电视上的古诗词大赛，假如我们让人工智能机器人去参赛，大概率会取得胜利。请你思考，学习中最重要的是背诵吗?

深度学习降临 13

进入 21 世纪后，连接主义迎来重要突破——深度学习兴起。深度学习的成功不仅仅是算法、模型不断迭代优化的结果，也是算力高速发展的必然结果。

1998 年，杨立昆设计了一个 7 层神经网络模型，并命名为 LeNet-5（结构示意图见图 13.1），这是第一个成功应用于数字识别问题的卷积神经网络，该模型中包含两个卷积层、两个池化层以及三个全连接层。卷积层负责提取图像特征，池化层用于降低计算量，全连接层则将特征映射到输出。在国际通用的手写体数字识别数据集 MNIST（示意图见图 13.2）上，杨立昆的 LeNet-5 取得了成功，其准确率超过以往各种识别方法。

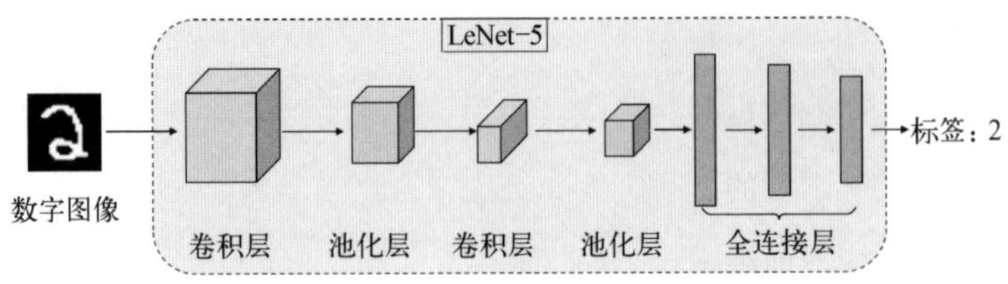

图 13.1 LeNet-5 结构示意图

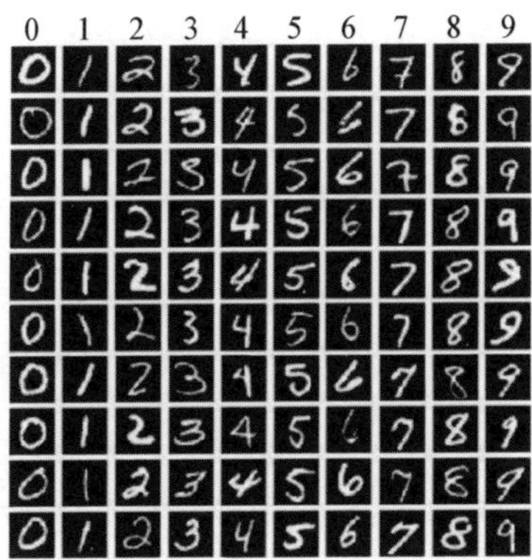

图 13.2 MNIST 手写体数字示意图
（资料来源：MNIST 数据集官网）

LeNet−5 的成功，证明了多层神经网络的分层特征学习方法具有高效的性能，它唤起沉寂已久的连接主义，使得深度学习逐渐成为人工智能的主流研究方向。深度学习使用深层神经网络模型，在大量数据中自动学习和提取有用特征，在图像识别、语音识别、自然语言处理等多个领域均取得了优异的成果。

2006 年，杰弗里 · 辛顿在国际著名学术刊物《自然》上，发表了关于深度信念网络（Deep Belief Network，简称 DBN）的学术论文，提出可以在未标注的数据上预训练深度神经网络，然后使用已标注的数据对预训练网络进行精调，该工作在很大程度上推动了深度学习的发展。他们还解决了深度学习中的梯度消失问题，使得模型训练变得高效可靠，为大规模神经网络的发展打下了基础。

2012 年，辛顿课题组为证明深度学习的能力，首次参加了 ImageNet 图像识别比赛。辛顿的两个博士生伊利亚·苏茨克沃（Ilya Sutskever）和亚历克斯·克里切夫斯基（Alex Krizhevsky）提出的深度卷积神经网络模型 AlexNet 取得了冠军，分类性能远超第二名 SVM 方法。这一成就标志着深度学习模型开始进入人们的视野，引起了工业界的广泛关注。AlexNet（结构示意图见图 13.3）具有比 LeNet−5 更深、更宽的网络结构，包含 5 个卷积层和 3 个全连接层。

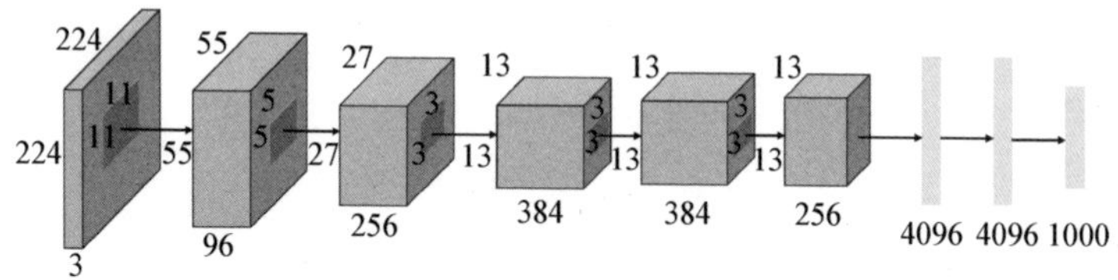

图 13.3　AlexNet 结构示意图

2013 年，谷歌推出的一种名为 Word2Vec 的自然语言处理工具，它的核心功能是将所有的词变成向量（将词语换成可用于计算的数据向量），从而定量分析词与词之间的关系。

2014 年，伊利亚·苏茨克沃等人发布了序列到序列模型（Sequence to Sequence，简称 Seq2Seq），这是一种用于处理序列数据的深度学习架构，由编码器和解码器两个循环神经网络（Recurrent Neural Network，简称 RNN）组成。Seq2Seq 将输入文本编码成向量，再由解码器根据向量逐步生成对应的英文语句（结构示意图见图 13.4）。Seq2Seq 可以将任意输入序列映射到输出

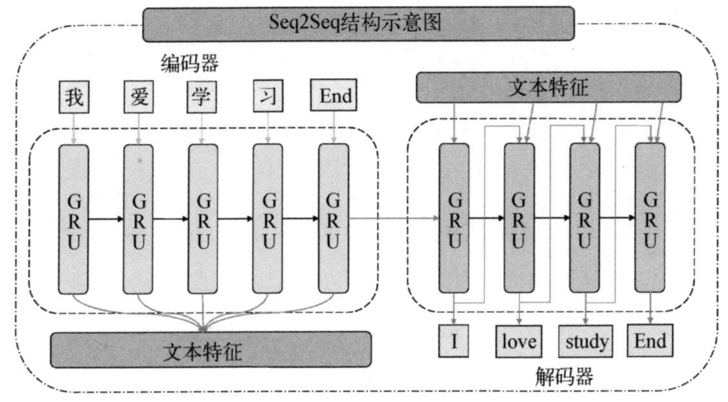

图 13.4 Seq2Seq 结构示意图

序列，允许输入长度不同，它被广泛用于机器翻译、语音识别等任务中。

2014 年，伊恩·古德费洛（Ian Goodfellow）和约书亚·本吉奥（Yoshua Bengio）等人首次提出生成对抗网络（Generative Adversarial Network，简称 GAN），该网络由生成器和判别器两个神经网络组成，通过对抗训练使生成器能够产生更加真实的样本。生成对抗思想的提出，为人工智能生成内容（Artificial Intelligence General Content，简称 AIGC）的大发展奠定了基础。

同年，变分自编码器（Variational AutoEncoder，简称 VAE）被提出，迅速成为流行的生成模型，它能够通过学习数据的潜在表示来生成新的数据。图 13.5 展示了 VAE 和 GAN 生成的手写体数字图像，从视觉上看，两种生成方式生成的图像都很容易被识

图 13.5 原始图像（左），VAE（中）和 GAN（右）生成的手写图像

别，但是在细节上 GAN 比 VAE 更加清晰。

2015 年，一种全新的 AIGC 模型——扩散模型（Diffusion Model）被提出，为图像生成领域带来重大变革。如图 13.6 所示，它连续地向输入图像中添加噪声，使其逐渐变为含高斯噪声的图片，再逐步去噪，变成清晰的图片，由此可以计算出从噪声变成图像的网络权重。扩散模型可以生成各种高质量的图像，逐步成为当前最流行的 AIGC 模型。

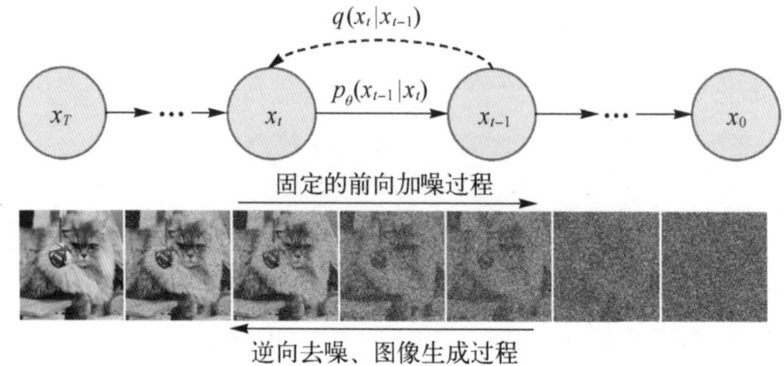

图 13.6 扩散模型示意图

2016 年，谷歌提出联邦学习（示意图见图 13.7）的概念，在保证数据隐私安全及合法合规的基础上，让多个用户共同实现人工智能建模，在联邦学习的整个过程中，所有模型参数的交互都是加密的，可解决不同用户的数据隐私和安全问题。

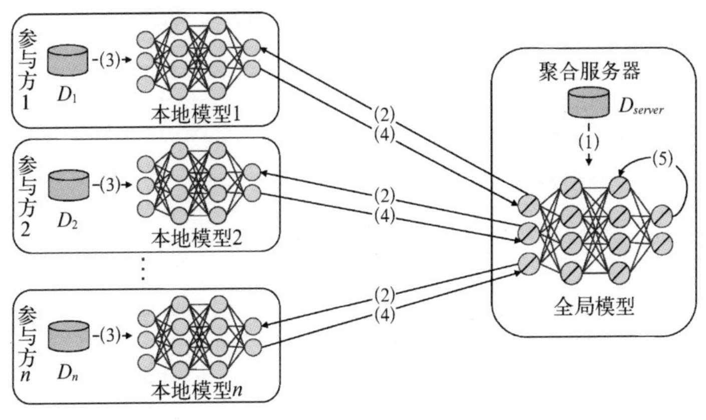

图 13.7　联邦学习示意图

2017 年，谷歌提出转换器（Transformer）架构，并将其应用于自然语言处理等深度学习任务中。转换器的字面意思是“变形金刚”，其核心及创新之处是引入了自注意力机制（Self-Attention Mechanism），使模型能够同时考虑输入序列中的所有位置（示意图见图 13.8）。这种架构使得转换器在处理序列数据时表现出色，特别适用于机器翻译、文本摘要、问答系统等任务。

在神经网络沉寂的多年中，深度神经网络大发展所需要的各种条件都逐步具备了，21 世纪初涌现了各种新方法。可以说，现

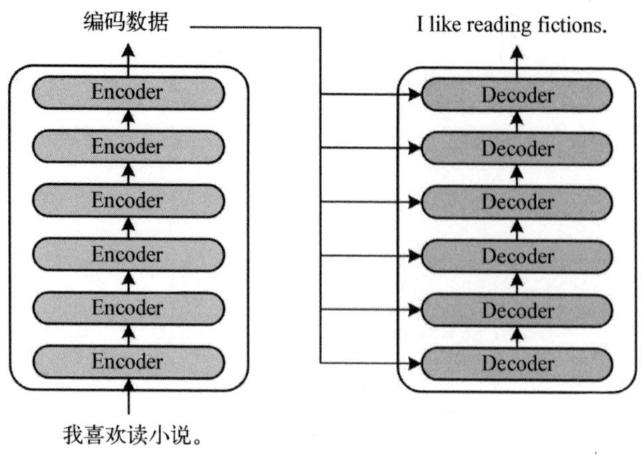

图 13.8 转换器示意图

在的深度学习有如江水浩浩荡荡，势不可挡地成为人工智能的主流方向。

在人工智能发展的历史上，有许多不同的看法。比如，有一批研究人员认为，人工智能应该充分模拟人的思维方式来建立智能。还有一批人认为只要能够达到目标，不一定要模仿人脑的智能。这两种思考都有道理，如果让你设计一台人工智能机器，你会从哪些角度考虑呢?

大模型时代 14

当深度学习各方面的技术障碍扫清之后，人工智能迎来了大模型时代。所谓大模型，就是大规模的深度神经网络模型。大规模，主要是指模型的参数量非常大，目前大模型的参数量都在亿级以上。前文提到，Word2Vec 和 Seq2Seq 等技术推动了自然语言处理的发展，生成式对抗网络则让机器学习进入了内容生成时代，谷歌的转换器为大模型预训练提供了基础性的架构。

2018 年，OpenAI 发布了预训练转换器 GPT-1，它是基于转换器架构的大型预训练模型，主要用于文本生成任务。同年，谷歌发布了 BERT（Bidirectional Encoder Representations from Transformers），它是双向的预训练模型，在多种自然语言处理任务上都展示出出色的性能。这些工作的出现，标志着预训练大模型成为自然语言处理领域的主要方向。

2019 年，GPT-2 发布，GPT-2 模型包括超 15 亿参数，它的文本生成能力更加强大，但 OpenAI 表示，因为模型可能被用于生成假新闻或其他有害内容，决定选择不再开源模型，它引发了关于人工智能伦理、可用性和安全性的广泛讨论。2020 年，OpenAI 发布 GPT-3 大模型，它的参数量达到了惊人的 1 750 亿，文本生成能力达到了前无古人的程度。此后 OpenAI 陆续推出了 GPT-3.5、GPT-4、GPT-4o，进一步提升了内容的生成质量，它们可以作出十分专业的回答（见图 14.1）。

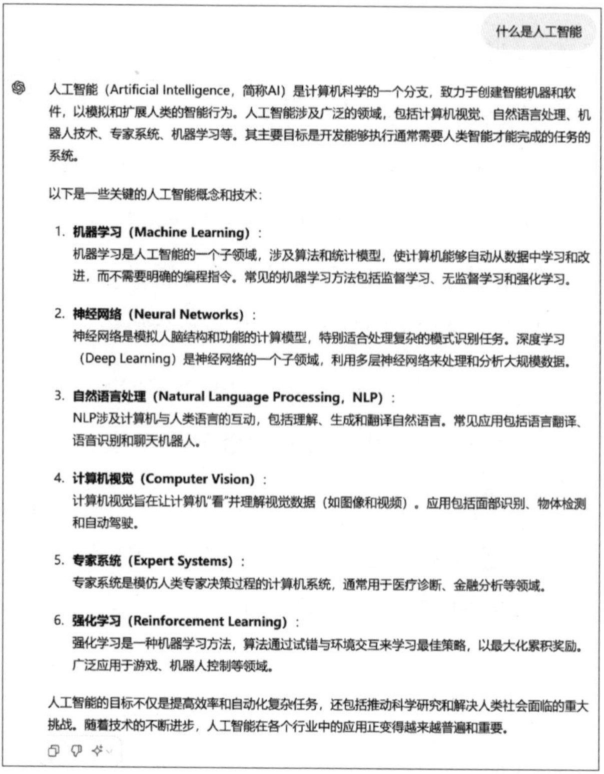

什么是人工智能

人工智能（Artificial Intelligence，简称AI）是计算机科学的一个分支，致力于创建智能机器和软件，以模拟和扩展人类的智能行为。人工智能涉及广泛的领域，包括计算机视觉、自然语言处理、机器人技术、专家系统、机器学习等。其主要目标是开发能够执行通常需要人类智能才能完成的任务的系统。

以下是一些关键的人工智能概念和技术：

1. **机器学习（Machine Learning）**：
   机器学习是人工智能的一个子领域，涉及算法和统计模型，使计算机能够自动从数据中学习和改进，而不需要明确的编程指令。常见的机器学习方法包括监督学习、无监督学习和强化学习。
2. **神经网络（Neural Networks）**：
   神经网络是模拟人脑结构和功能的计算模型，特别适合处理复杂的模式识别任务。深度学习（Deep Learning）是神经网络的一个子领域，利用多层神经网络来处理和分析大规模数据。
3. **自然语言处理（Natural Language Processing，NLP）**：
   NLP涉及计算机与人类语言的互动，包括理解、生成和翻译自然语言。常见应用包括语言翻译、语音识别和聊天机器人。
4. **计算机视觉（Computer Vision）**：
   计算机视觉旨在让计算机"看"并理解视觉数据（如图像和视频）。应用包括面部识别、物体检测和自动驾驶。
5. **专家系统（Expert Systems）**：
   专家系统是模仿人类专家决策过程的计算机系统，通常用于医疗诊断、金融分析等领域。
6. **强化学习（Reinforcement Learning）**：
   强化学习是一种机器学习方法，算法通过试错与环境交互来学习最佳策略，以最大化累积奖励。广泛应用于游戏、机器人控制等领域。

人工智能的目标不仅是提高效率和自动化复杂任务，还包括推动科学研究和解决人类社会面临的重大挑战。随着技术的不断进步，人工智能在各个行业中的应用正变得越来越普遍和重要。

图 14.1　GPT-3.5 生成示例

（资料来源：OpenAI 官网）

生成图像和视频内容的大模型不断出现。2021 年，OpenAI 发布了图像生成模型 DALL–E，它可以根据文本描述生成想象力丰富且十分逼真的图像，能够捕捉每个事物的特性，并合理地组织在一起，生成常见的、奇幻的或抽象的图像。比如将“An astronaut riding a horse in photorealistic style.”（一个宇航员骑着马，风格逼真）输入到 2022 年发布的 DALL–E2 大模型中，可以生成具有奇幻效果的图像（见图 14.2）。

图 14.2　一个宇航员骑着马
（资料来源：OpenAI 官网，DALL–E2 生成的图像）

2021 年，OpenAI 还发布了多模态学习模型 CLIP（Contrastive Language–Image Pretraining），这是一个能同时理解图像和文本的

多模态大模型，它在两者之间建立起联系，实现了图像和文本之间的跨模态理解。

2022 年 8 月，游戏设计师杰森·艾伦（Jason Allen）使用人工智能创作了绘画《太空歌剧院》（见图 14.3），其魔幻色彩令人称奇，该作品获得美国科罗拉多州博览会“数字艺术 / 数码摄影”一等奖，“AI 绘画”引起全球热议，图像生成大模型也广受关注。

图 14.3 太空歌剧院
（资料来源：Midjourney 生成的图像）

各种商用的大模型不断出现，比如美国的 Midjourney 公司的大模型于 2022 年 3 月对外开放，比较著名的生成图片有“中国情侣”（见图 14.4）等，Midjourney 经过不断优化，已经成为生成图像的商用大模型代表。

图 14.4　中国情侣
（资料来源：Midjourney 生成的图像）

2024 年，OpenAI 开发了 Sora 大模型，它能够将简单的文本描述迅速转化为生动、具体的视频内容。Sora 可以深入理解文本中的关键信息，如角色、场景、动作和细节等，并将这些元素巧妙地组合在一起，生成一段连贯、流畅的视频。用户只需提供一段描述性的文字，Sora 便能将这些想法迅速转化为视频，无需专业的视频制作技能和复杂的后期处理。

国内的大模型研究几乎和国外同步，如百度的文心一言大模型、科大讯飞的星火大模型、阿里巴巴的通义千问大模型、复旦大学的 MOSS 大模型等，我们将在第四章对大模型的现实应用进行更多介绍。

03 机器学习思维

Machine Learning Thinking

机器是怎么学习的 15

机器学习是人工智能的分支，也是当前人工智能的主流。它让计算机从数据中学习规律或方法，从而具备预测或判决的能力。

比如，我们想预测明天的天气情况，可以搜集以往的天气状况，让机器分析一下天气变化的趋势，得出明天最有可能出现的天气。再比如，我们希望机器能够自动识别猫和狗，可以预先准备很多猫和狗的图片，分别给它们贴上猫或狗的标签，让机器去学习两种动物的差别，当完成学习后，机器就可以形成自动识别猫和狗的本领，以后再给它猫和狗的新图片，它就能正确区分猫和狗。

想一想，人类似乎就是这样学习本领的！

在机器学习中，最常见的方法如图 15.1 所示，可以分为三个阶段。人们先给机器很多例子（学习资料），让机器逐步调整自己的参数，提高识别的准确性至最优。然后，拿一些新例子去测试（考试），看看机器学得怎么样。只有通过测试的模型，才会被拿出来给人使用。

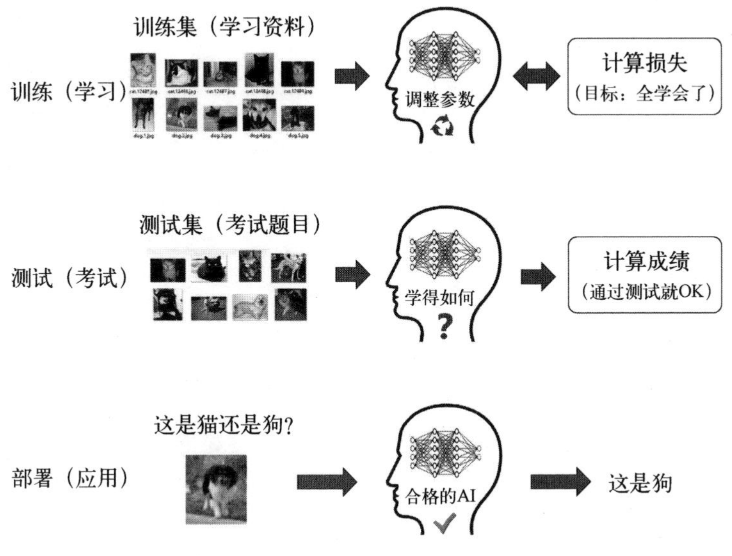

图 15.1 机器学习的基本逻辑

机器学习的方法分很多种，最常见的是下面三种：监督学习（Supervised Learning）、无监督学习（Unsupervised Learning）、强化学习（Reinforcement Learning）。

监督学习，指在机器学习的过程中，不仅提供问题，还提供标准答案，机器通过参考答案来理解问题。当机器完成学习之后，用考题来检查它学习得怎么样。常见的监督学习算法有回归、分类（示意图见图 15.2）等。

无监督学习，就没有那么好的条件了，在机器学习的过程中，只提供问题，不提供答案，机器需要自己去找答案，尝试找出数

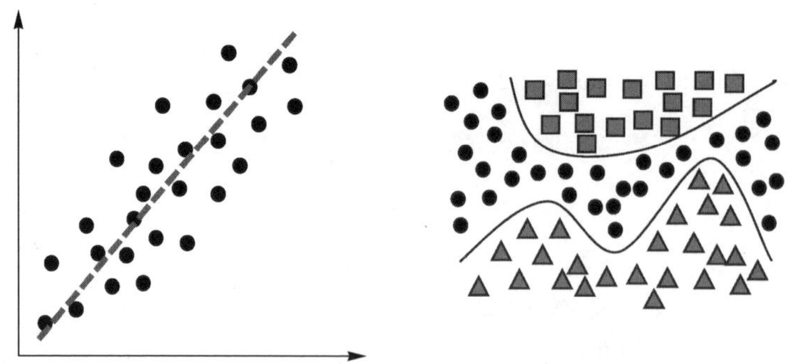

图 15.2 回归示意图（左），分类示意图（右）

据中的一些规律或者把相似的东西归类，常见的无监督学习算法有聚类（示意图见图 15.3）等。

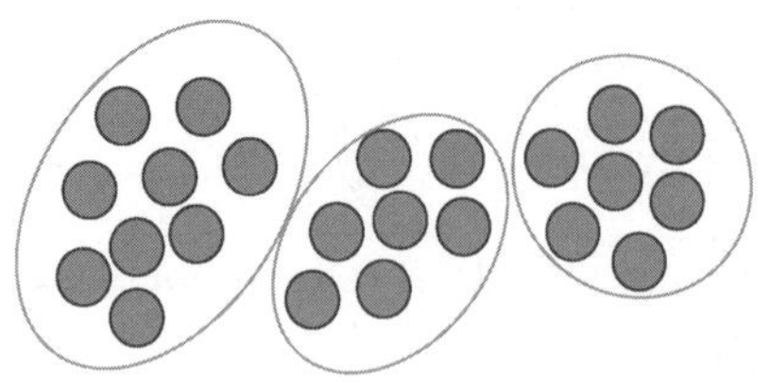

图 15.3 聚类示意图

强化学习（示意图见图 15.4），就是让机器通过各种尝试来寻找答案，每次尝试后都会得到反馈分数，机器根据得分来调整下一步的行为，这种方法在智能下棋的游戏中很常见。

大家可能会有一个疑问，如何评价一个机器学习出来的模型好不好呢？判断的方法多种多样，这里介绍三种。

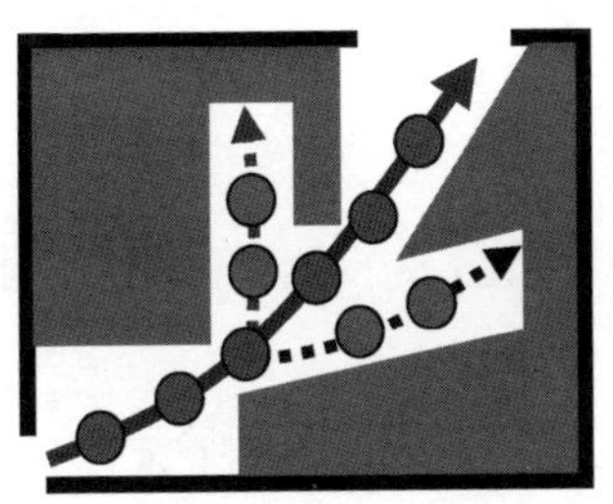

图 15.4 强化学习示意图

首先，一般我们要在应用中观察机器学习模型输出结果的“准确性”（Accuracy），可以直接将模型输出的结果与真实结果作比较，也可以将模型输出的结果与人类给出的结果作比较，计算模型输出的准确率。

其次，我们要考察模型的“泛化性”（Generalization），观察模型在不同的数据集上输出的准确性。举个例子，机器如果用上海的中学教材来学习，用上海的中学试卷考试可以得高分，那么用江苏的中学试卷来考试能不能考好呢？这考验的就是模型的泛化性，也就是应用的普适性。

再次，对于使用人工智能生成内容的大模型来说，我们还期望模型能够产生“涌现能力”（Emergence），这既可以认为是机器学习能够实现“量变引起质变”，也可以认为是合成意想不到的内容，如同人类大脑的灵感迸发。

机器学习已经改变了世界，在各行各业中都有应用，比如人脸识别、语音助手、商品推荐、智能家居、医疗诊断、智能翻译、智慧交通（见图 15.5）等。随着科技的不断发展，机器学习将在更多领域发挥作用，帮助人们解决问题，让生活变得更加美好。该章我们将介绍几种机器学习的方法，说明怎样让机器具备“智能”。

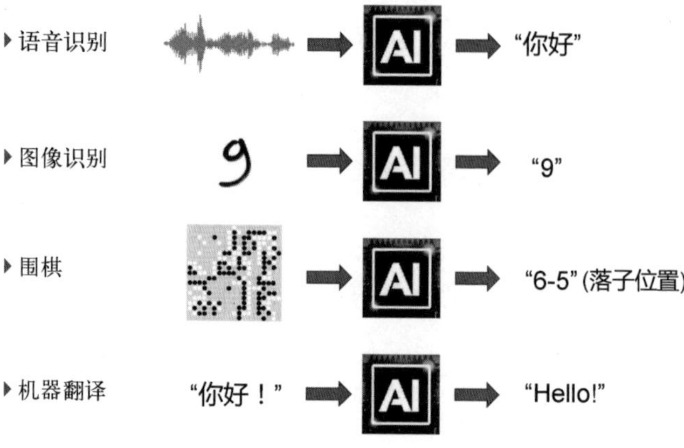

图 15.5　应用举例

一棵苹果树能结多少果实 16

一棵苹果树能结多少果实？假如我们想让机器推测这个问题，要采用什么方法呢？

考虑最简单的一种情况，假设苹果树的果实数量与树的高度相关。接下来，我们就可以收集同一地区大量苹果树的数据（样本），获得各种高度的苹果树以往生长苹果的数量。

我们把搜集的数据画在图上，横坐标代表树的高度，纵坐标代表果实的数量（见图 16.1）。那么，每棵树在图上就是一个点，对

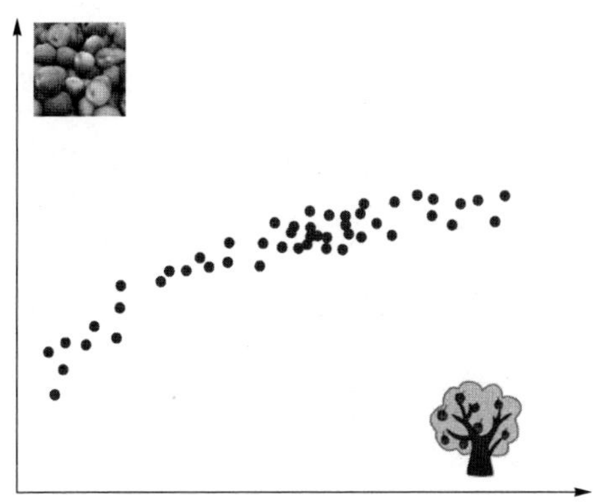

图 16.1 苹果树果实与高度分布

应树的高度和果实数量。

大家一眼看过去，就能发现果实数量与树高的关系。我们能在坐标纸上画一条线，如图 16.2 所示，这条线代表了大部分苹果树果实数量与树高之间的关系，它们的规律就是一条曲线。有了这条线，机器就能够根据某棵苹果树的高度，预测出它最有可能结多少果实（图 16.2 中三角形对应的位置都有可能）。

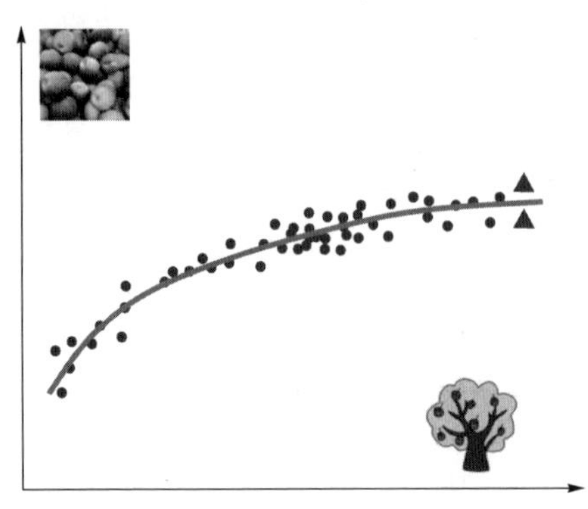

图 16.2　机器预测的结果

然而，现实世界中有很多样本，要画出一条“最合适的”线才能达成更准确的预测。怎样的一条线是“最合适”的呢？即能够最大程度地减少预测值和真实值之间差异的线。我们可以采用一种朴素的想法，如图 16.3 所示，让机器尝试画各种不同的线，并计算每个样本点到线的距离，机器会不断调整线的斜率和截距，找到一条使整体误差最小的线。这个过程被称为“拟合”，它反映了数据分布的规律。

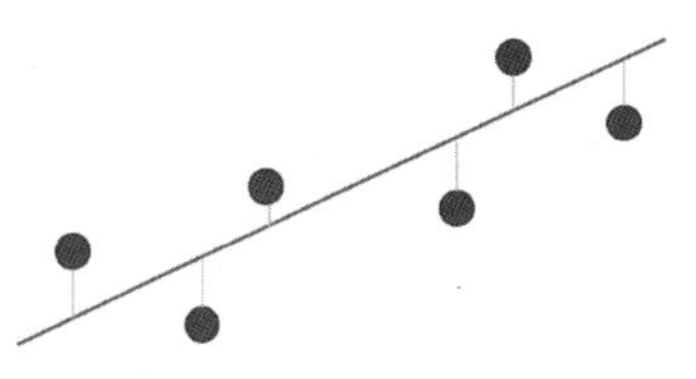

图 16.3　使得预测误差最小

上面预测苹果果实数量的例子，只考虑了树的高度，在实际情况中还有很多因素会导致苹果果实数量发生变化，比如气候、土壤、水分等，因而单考虑一种因素是不够的，往往需要综合多种不同的因素进行考虑，这就是“特征”。

我们把上面这种根据已有数据预测未来数值的方法称为“回归”(Regression)。所谓“回归”，就像是在历史数据中寻找线索，找到数据背后的规律，并利用这种规律对未来进行预测。

机器学习的方法有很多种，回归是应用最广泛的一种。许多时候，并非复杂的想法才是最好的，我们如果能用简单的方法实现目标，就无须复杂。著名的“奥卡姆剃刀”原理说的就是这个道理：“如果没有必要，就不要增加实体。”换成计算机的话就是：解决同样的问题，简单的模型要胜过复杂的模型！

物以类聚，自己找同类 17

大千世界，多姿多态。我们在观察各种现象的时候，经常需要根据自己的理解，归纳出不同的种类。你有没有想过，机器如何像我们一样，将事物分门别类？在机器学习中，这项任务被称作“聚类”。

我们先看看人类是如何分类的。图 17.1 展示了一个简单的例

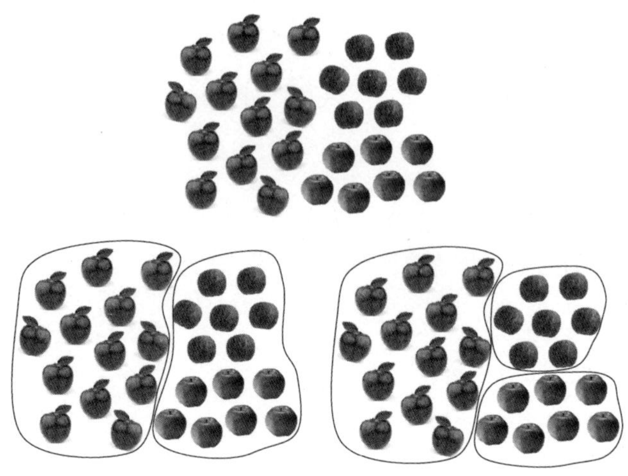

图 17.1 给苹果分类

子，有很多苹果分散在不同的区域，我们要给它们分分类。这些苹果似乎可以分为两大类，一类带叶子，另一类不带叶子。但仔细观察不带叶子的一类，会发现其中一些苹果有纹路，另一些则没有。因此，把这些苹果分为三类好像也是合理的。在机器学习中，很多时候没有标准答案！

完成聚类任务对人类来说不难，但如果要让机器也实现这个功能，需要怎么做呢？让我们来设计一个简单的聚类方法。

假设我们要求计算机将图 17.1 中的苹果分成三类，可以通过下面的步骤来实现：

第一步，我们根据苹果的特点，将它们分别表示成数据，并画在坐标纸上，如图 17.2（a）中的圆圈“○”。任意选择三个圆圈，将它们作为三个类的中心，如图 17.2（a）中的三个“×”。

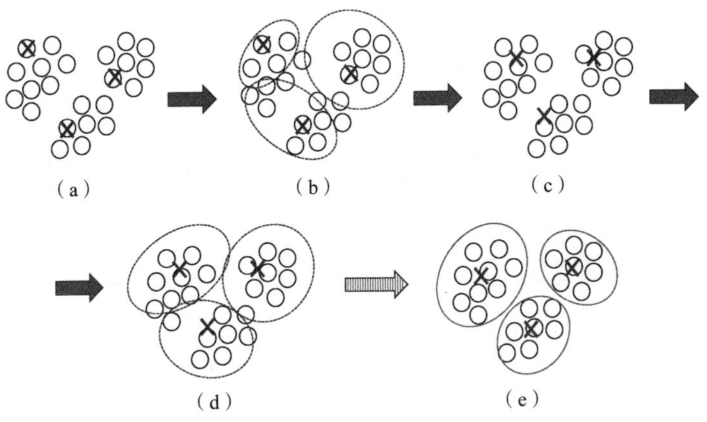

图 17.2　聚类的例子

第二步，计算所有数据点到各个类中心的距离，将每个点分配到距离最近的那一类，分配完成后就得到了三个簇，如图 17.2（b）中圈出来的三个簇。但是，这样分配显然不合理。

第三步，计算这三个簇中所有圆圈的中心位置（通常计算平均值），得到新的中心位置，如图 17.2（c）中的三个“×”。

第四步，根据这三个新的中心，利用第二步中的方法，将所有圆圈重新划分成三个簇，如图 17.2（d）所示。

一直重复上面的步骤，直到三个簇的中心位置不再发生变化，就完成了聚类，如图 17.2（e）所示。

上述过程，是一个经典的聚类方法，被称作“k 均值法”（k-means），k 指的正是我们希望得到的种类数量，可以由人或机器指定。在上面的例子中，k 就是 3。除此之外，还有许多更复杂的聚类算法，每种算法都有自己的特点，可以应用在市场分析、数据统计、推荐系统、异常检测等场合。聚类是一种“自学的方法”，没有人提供教学用的样本数据，需要机器观察后得出分类结果。

人类在分类的时候，似乎不需要这么多步骤。上面的算法看起来很笨拙，但它恰恰反映了人类的思考过程，只是你习以为常了而已。换句话说，机器学习并不神秘，当我们对思考的过程进行理性的分解，就能够让机器也具备这种能力。

告诉我，是猫还是狗 18

前面我们说可以使用机器预测数值。在日常生活中，很多时候我们并不需要一个确切的数值，仅需要给出一种可能性，根据这种可能性判断事物所属类别。在机器学习中，这种分类要用到逻辑回归的方法。

我们先来看看人类是如何进行类别判断的。比如，我们一眼就能分辨一个小动物是猫还是狗，我们可以根据猫和狗体型的不同进行判断，可以根据长相特点的不同进行判断，可以根据声音的不同进行判断，等等。再比如，我们要判断一个人在期末考试中能否及格，那我们可能会参考这个人平时的学习情况、考试成绩以及考前复习情况等信息，最后综合进行判断。

上述判断都是分成两类的情况，我们的大脑会根据事物的特点进行判别和分类，这个本领是在过去的学习中建立起来的。同样，我们也可以让机器进行类似的分类。

比如，我们希望机器学会自动识别是猫还是狗。首先我们要准备100张猫的照片和100张狗的照片，组成训练集，并且分别给每一张

猫

狗

图 18.1 标注好的猫和狗（各找 100 张图片）

图片做好标注："猫"或"狗"（见图 18.1）。

这些训练集数据用来给机器学习。为了便于理解，我们假设眼睛的圆度是区分猫狗的关键特征。当机器读取完这两百张照片的数据后，它就会得出结论：眼睛很圆的是猫，眼睛不怎么圆的是狗。机器把这个特点记录下来，并画在坐标纸上（见图 18.2）。

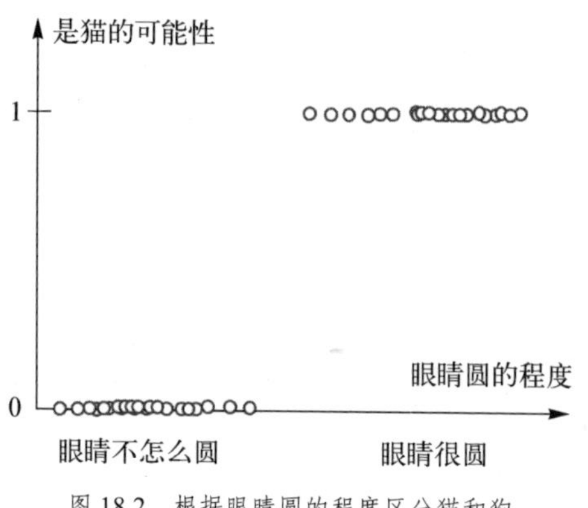

图 18.2 根据眼睛圆的程度区分猫和狗

横坐标表示每个动物眼睛圆的程度，纵坐标表示该动物是猫的可能性。每个圆圈表示一个动物，200 个动物应该有 200 个圈。根据 200 个动物的标签，眼睛不怎么圆的是狗（纵坐标是猫的可能性设为 0），眼睛圆的是猫（纵坐标是猫的可能性设为 1）。

于是，我们就可以根据这些圆圈，画出一条曲线，把绝大部分圆圈连接起来（见图 18.3），这个看起来像是一个 S 形状的曲线就是机器训练好的模型（见图 18.4）。学习完毕，我们就可以用这个模型来检测是猫还是狗了。

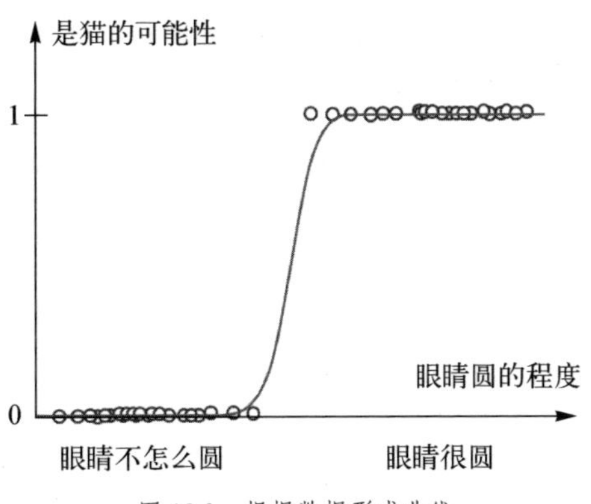

图 18.3　根据数据形成曲线

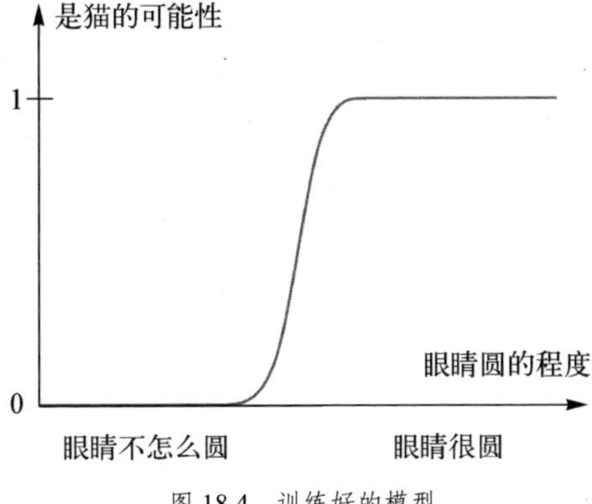

图 18.4　训练好的模型

接下来，我们给机器一张图片，请它判断是猫还是狗，如图 18.5 所示。机器发现这张图中的眼睛比较圆，但不是特别圆。机器根据眼睛圆的程度找到曲线中的位置（对应纵坐标的数值为 0.7），它是猫的可能性超过了一半（0.5），于是机器就判断它是猫。

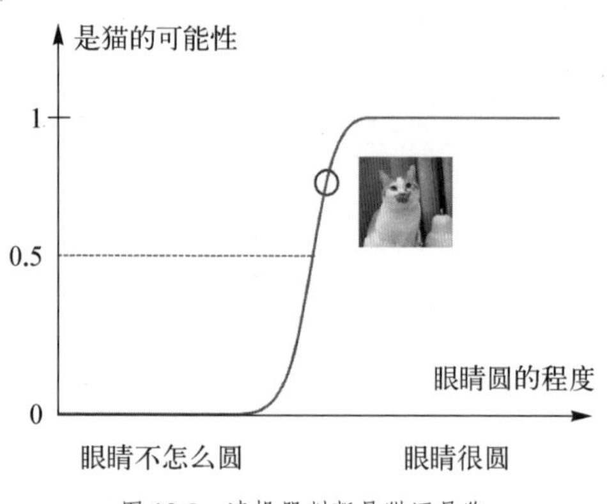

图 18.5 请机器判断是猫还是狗

上面的这种方法就是逻辑回归（Logistic Regression）。虽然也叫“回归”，但它并不是我们前面讲的用于预测的“回归”，逻辑回归是一种分类方法。上面的曲线，可以用逻辑回归的公式拟合出来。

分类是人类的基本辨别能力，逻辑回归是机器分类的基础方法之一，可以完成各种简单的分类任务。在上面的例子中，区分猫和狗，为了方便说明，我们只使用了“眼睛圆的程度”这一个特征，这肯定是远远不够的。在实际应用中，你可以让机器从多个不同的角度提取特征，替换掉上面横坐标中的描述。

事实上，人类在进行是非预测的时候，并不能有完全的把握，通常我们会说：他应该会及格或是他大概率会回来等。逻辑回归也模拟了人类的这种思维方式，当输入目标的特征时，逻辑回归模型会输出一个 0~1 之间的数值，表示输入目标属于某个类别的概率。进一步说，机器可以将输出大于 0.5 的归为第一类，小于 0.5 的归为第二类。比如我们输入一个学生的学习特点，让机器预测他考试能否及格，当我们输入这个学生各方面的数据后，机器预测的结果数值为 0.8，这表明这个人期末考试及格的概率是 80%，机器认为他“及格”的可能性更大。而如果对应的结果数值是 0.1，那机器认为他“不及格”的可能性更大。

圆圈盖住了什么形状 19

在日常生活中，我们往往面对的不是“是猫还是狗”的二分类问题，而需要将物体划分到多个预先定义的类别中，比如区分某种动物属于哪一种类，这就是多分类的问题。在机器学习中，解决多分类问题要用到“k 近邻”算法。

让我们先来玩个简单的游戏。如图 19.1 所示，纸上画了三种形状图形，我们让不同类的形状图形聚集在一起，其中有一个形

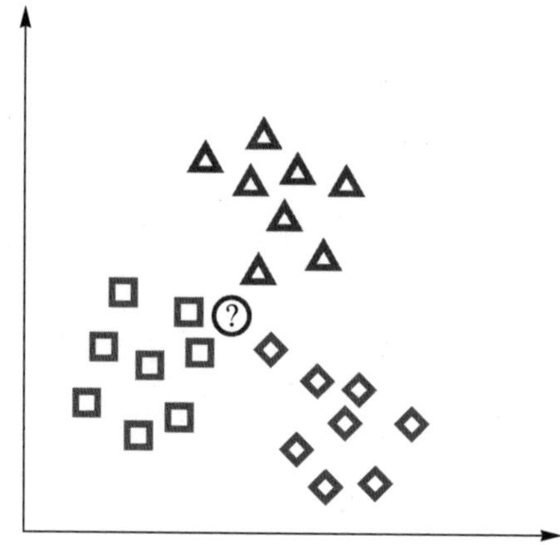

图 19.1　圆圈下面是什么形状？

状图形被圆圈状的纸片盖住了。请猜一猜，圆圈下面最有可能是哪种形状图形。你肯定很快就能推测出哪种形状的可能性最大。

如果让机器来完成这个任务，应该怎么做呢？实现这个功能有很多种方法。一般来说，机器会认为三种形状图形对应不同的数据，圆圈也对应一种数据，机器将根据圆圈的数据来进行判断。最简单的一种方法，是让机器看看现有数据中的哪一条形状图形的数据和圆圈最像，从而将它们判为同一类。

图 19.2 展示了这种学习方法，原始数据一共有三种图形，分别用不同的形状表示。图片右侧虚线框中的圆圈代表一条未知类别的数据。机器找出了与它最靠近的几个邻居，并根据这几个邻居的特点预测圆圈所属的类别。在这个例子中，机器选择了 4 个“邻居”，发现其中两个是方框，一个是三角形，一个是菱形，于

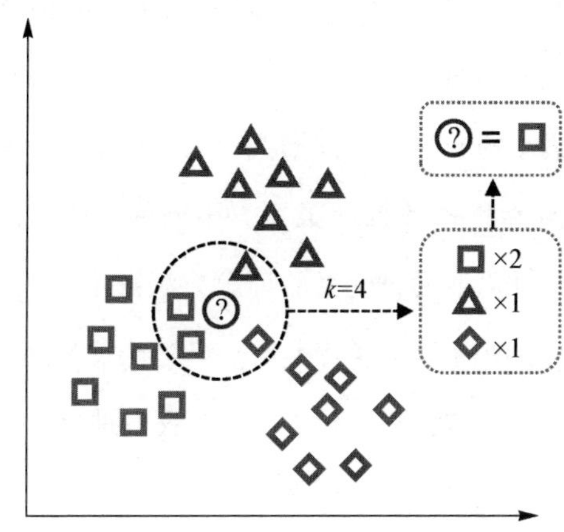

图 19.2　k 近邻学习

是机器就将圆圈判为正方形。

这种机器学习算法就叫作“k 近邻”（k-Nearest Neighbors，简称 k-NN），通过比较数据周围的“邻居”来判断目标数据属于哪一类，如果一个数据点的“邻居”大多属于某一类，那它很可能也属于这一类。这里的 k 是指要考虑多少个“邻居”。

比如，我们让机器对图书馆的书籍进行分类，如果遇到一本从未见过的小说，应该把这本书分到哪个类目下？机器分析该书的标题、作者、内容摘要、出版社、出版年份等属性，与图书馆中其他小说进行相似度比较，找出与这本书最相似的 10 本书（k=10）。最终，如果机器发现这 10 本小说里面，有 6 本属于悬疑类，3 本属于科幻类，1 本属于武侠类，那机器就会将这本小说归到悬疑类。

让机器进行 k 近邻学习时，只需要把所有的训练样本保存起来，在对未知目标数据进行分类时，需计算它和所有训练样本的距离，把距离最小的 k 个训练样本找出来，将这 k 个样本中出现最多的类别作为未知目标数据的类别。不同的 k 值可能会导致不同的分类结果，通常需要通过交叉验证等方法得出最优的 k 值。

k 近邻算法原理简单，容易实现，但是计算量随训练数据量增大而增加，因此，在处理复杂问题时，我们通常不会优先使用 k 近邻算法。

这个周末要不要出门 20

如果你的朋友有一只宠物，但你不知道它是什么动物，可以通过一些问题来找到答案。

首先，你可能会问："这只宠物有多少条腿？"如果该宠物有四条腿，则可能是猫或狗。如果没有四条腿，那就继续问下一个问题："这只宠物有没有羽毛？"如果有羽毛，那我们就可以推断，这只宠物可能是鸟。通过多次问答，我们可以逐步缩小范围，最终找到答案。

机器也可以用类似的逻辑进行推理或预测，在机器学习中，这种方法被称为"决策树"。

当我们想预测某个人周末是否会出门，看看机器是怎么做的。

首先，机器可以统计一下这个人以前周末出门的各种情况，了解影响其出门的关键因素，计算出其在各种天气情况下出门的可能性。根据这些可能性，机器锁定最有可能出门的情况条件。假设统计出来的结果为：这个人喜欢在不下雨、空气质量好、温度适中的周末出门。

接下来，机器就可以根据天气预报判断周末是否下雨，如果下雨，那这个人出门的可能性就很小。如果不下雨，则继续看周末的空气质量如何，如果空气质量很差，那这个人出门的可能性也会很小。如果空气质量良好，则再看周末的温度如何，如果太冷或太热，那这个人出门的可能性仍旧不大，如果温度适中，那他很可能会出门走走。

这就是机器对一个简单的事情进行判断时的思考路径，整个逻辑如图 20.1 所示。每个实心的方框都是一个新的问题节点，每个空白的方框都是一个决策节点，它们之间通过每个箭头上的“是 / 否”“好 / 差”等决策来连接，构成决策的路径。

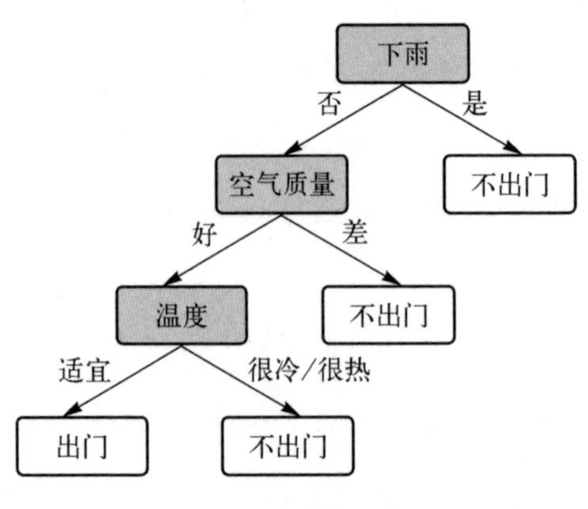

图 20.1 决策树的例子

这个过程和我们每个人做决策的思路是一样的，通过一个个问题来进行决策判断。有的事情一下子就可以决定，比如下大雨的时候我们能直接决定不出门；有的事情我们需要提出更多的问题才能做出最好的决定。

这种模拟人类决策思维的机器学习算法就是“决策树”。顾名思义，我们可以把决策树想象成一棵大树，决策树的每个分支代表一个问题或判断条件，每片叶子代表一个预测结果。如果想知道最终答案，你就需要从树的根部开始，一步一步地走下去，直到到达一片叶子并找到答案为止。

在很多时候，机器学习是人类思考模式的另一种实现形式，它并不神秘！

是桃子，还是苹果 21

不知道你有没有过举棋不定的时候，不清楚自己做的判断是否正确，这时候你会怎么做?

常见的一种做法是找人商量，兼听则明，多听听别人的意见，然后做决定。这种“三个臭皮匠，赛过诸葛亮”的智慧也应用于机器学习领域，形成了随机森林算法。

以水果分类为例，假设我们让机器对一种既像桃子又像苹果的水果进行判断（见图 21.1）。

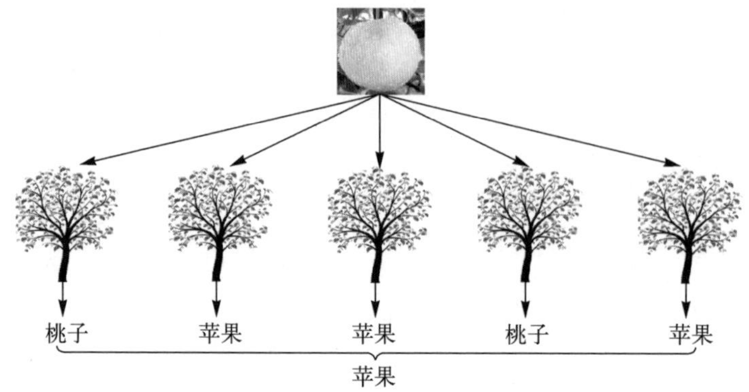

图 21.1　随机森林的决策方式

我们可以用上一节介绍的“决策树”方法来进行判断，但是不同的决策树可能会给出不同的结果，在这种情况下，我们可以综合不同的决策树给出的答案，以多数的判断作为结论。

这种方法叫作“随机森林”。为什么称之为“森林”呢？很显然，它是由多个“决策树”组成的！

有时候一个人可能会犯错误，但如果很多人一起合作，就可以减少错误，找到更好的解决方案。

像图 21.1 中的水果分类，尽管有的决策树会将苹果错误地判断成“桃子”，但由于我们询问了多个决策树的意见，采用投票或取平均值的方式去得到最终结果，使答案更可靠了！虽然每棵小小的决策树可能不是很厉害，但是一片树林一起“工作”，就能很好地解决我们所面临的难题了。

随机森林是一种“集成学习”方法，并不一定都要使用决策树来进行判断，也可以使用其他机器学习方法，把大家的判断集成起来，获得最后的判断——相信集体的智慧！

是雾，还是霾 22

分类是人类的基本能力，对不同的事物分类，就是要找到某类事物区别于其他事物的特点。要实现人工智能，就必须让机器学会分类。这是机器学习的核心任务之一。前面我们介绍过几种分类的方法，但它们在很多分类问题上的表现都很一般。

在机器学习中，我们可以认为所有事物都是高维空间中的点。比如在猫和狗的分类中，从每张猫的图片中提取的特征数据，从每张狗的图片中提取的特征数据，都是空间中的点。因而，让机器对事物进行分类，可以认为是要找到对所有的点进行分类的平面。

有很多事物的分类并不像猫和狗那样有明显的区别特征。我们举个简单的例子，比如雾和霾，它们看起来很像，怎样让机器去区分呢?

首先，我们可以准备一些雾和霾的图片（最好有几千张），给每一张都做好标注（说明是雾还是霾），这样就建立好了用于学习的样本（见图 22.1）。随后，我们根据自己的理解提取一些特征，比如观察颜色特点、能见度特点等，将这些特征用数值表示。

图 22.1 样本：雾（上）、霾（下）

为了更形象，我们用圆圈表示雾，用三角形表示霾，如图 22.2 所示。接下来，我们就要让机器根据这些点来学习，得出一套分类的方法。我们可以看到，它们的特征比较接近，如果直接采用

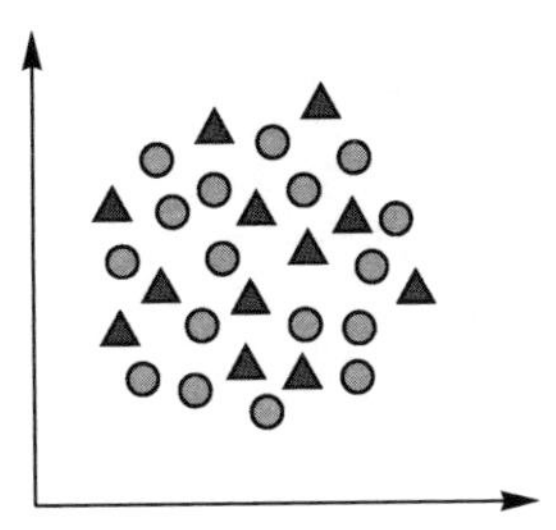

图 22.2 分布的数据

前面讲的分类方法，机器很难正确地得出分类的结果，那我们该怎么办呢？

对此，我们可以让机器变通一下，采用空间变换的方法，将低维空间的特征点，变换到高维空间中，如图 22.3 所示，这样就更容易找到划分方法了。

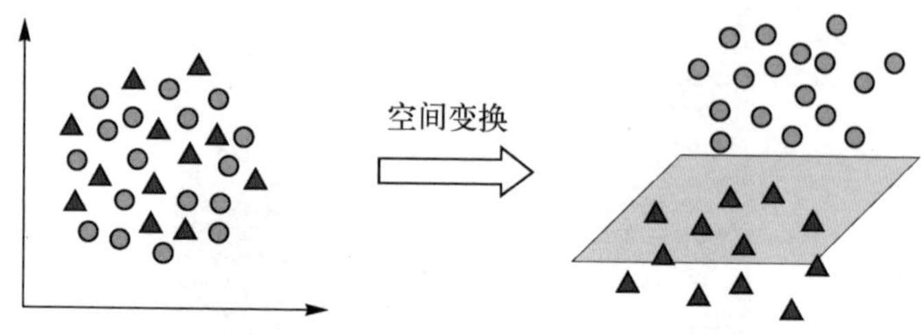

图 22.3　空间变换

在转换后的空间中，同类数据的分布更加集中，通过数学推导，我们可以找到划分平面（如图 22.4 中的实线），这个平面可以把两类之间最近的点区分开。当然，这个区分的面跟最近两个点的间隔越大越好。

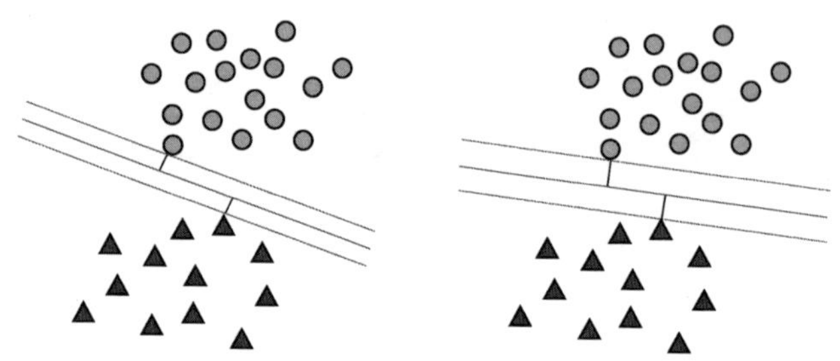

图 22.4　让间隔足够大，左图间隔小，右图间隔大

上述这种方法，可以处理很复杂的分类任务，我们称之为“支持向量机”（Support Vector Machine，简称 SVM）。在学习过程中，当机器很难划分类别时，可以通过空间变换，让不同类的特征数据在另一个空间中变得分散。通过数学推导，找到不同类别间最靠近的特征点，分别得到各自类别的支持向量，进而找到最好的分界面。当机器完成这些学习任务后，就建立起了一个可以应用的模型，当我们给它一张没见过的图片，它就能自动判断，告诉你这是雾还是霾。

上面就是支持向量机的基本逻辑，虽然它在计算上稍微复杂一点，但它的逻辑并没有那么复杂。

不过，在判断是雾还是霾的机器学习中，你一定发现了一个问题——提取雾和霾的特点非常重要，提取特征需要人的参与，这样看的话，机器就不够智能了！

没错，传统的机器学习方法还需要改进。如果想做一个甩手掌柜，让机器搞定包括提取特征在内的所有任务，那就要进行深度学习了。要了解深度学习，就必须先了解神经网络。

模拟人类的神经系统 23

大脑是我们非常重要和复杂的器官之一，人类的智能行为都和大脑活动有关。大脑通过处理来自视觉、听觉、触觉、味觉等感官输入的信息，感知和理解外界的环境和变化。

人的大脑为什么有如此强大的认知能力？科学家发现，人脑中有上百亿个神经元，神经元相互连接形成了神经网络，它们能够感知和传递信息。

神经元包括细胞体和细胞突起，而细胞突起又分为轴突和树突，轴突将兴奋状态传递到其他神经元或组织，树突接受刺激并将兴奋传入细胞体。接受外界刺激并形成生物信号，通过神经网络传递下去，进而指导人体的反应，这是大脑神经工作的基本形式。

能不能让机器也模拟这个过程呢？

人工神经网络就是这样诞生的，它是模拟人脑神经网络的一种机器学习模型。从麦卡洛克和皮茨提出神经元的逻辑表示开始，在过去的几十年中，科学家们提出了很多神经网络模型。但是，第一个神经网络还是要从感知机说起。

前面我们提到，感知机是机器学习中最简单的人工神经网络，它模拟单个神经元的网络，可以用来对物体进行二分类，对输入的特征数据进行加权求和，根据结果判断输入的数据属于哪个类别。

我们用一个简单的例子来说明一下，让机器根据年龄、血糖、血压、胆固醇这四个特征来判断一个人是否患有糖尿病。

如图 23.1 所示，我们可以将这四个特征的数值与四个权重（表示该特征对预测结果的影响程度）分别相乘，加上一个偏置的数值，进行加权求和，机器对计算出来的结果进行判决，当计算的结果超过一定的范围，模型认为此人患有糖尿病，否则就没有。

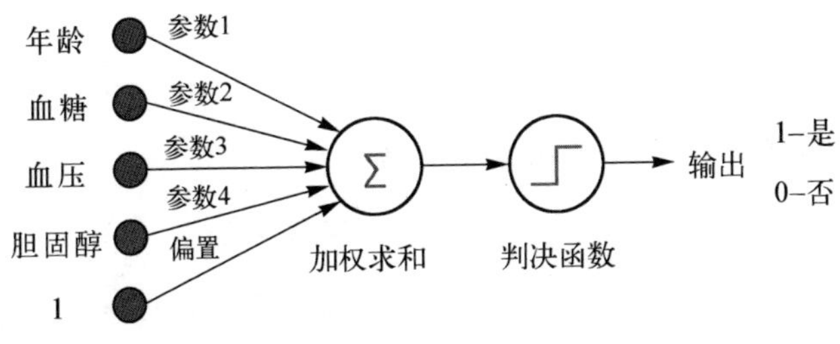

图 23.1　感知机示意图

从结构上看，它与人脑的神经元非常相似，接受来自输入的刺激，在细胞体里生成信号，并将结果传出细胞。到这里，大家会想，这么简单，机器好像没有学习啥啊！

事实上，在上面这个例子中，机器需要学习五个参数（四个权重、一个偏置值），一旦学习成功，这个模型就可以用于糖尿病检测了。但是，怎么学呢?

我们需要先收集大量的数据，包括糖尿病患者的数据、非糖尿病患者的数据，按照“年龄、血糖、血压、胆固醇”-“是否患病”这样的格式构成数据集。机器利用这个数据集进行训练，通过数学推导方法，自动寻找最优的五个参数，尽可能将训练集中、将所有样例分类准确。

学习到的参数值表明，在判断是否患有糖尿病这个问题上，年龄、血糖、血压、胆固醇这四种不同指标的重要性不一样。例如，如果模型学习到的血糖权重远高于其他指标的权重，则表明血糖水平对糖尿病预测起着至关重要的作用。

大家可能经常听说“调参”，就是在学习过程中对参数进行调节，找到理想的参数，从而建立好的模型。一旦完成训练了，且经过各种测试了，这个模型就可以给大家使用了。

感知机在神经网络发展早期解决了许多问题，推动了人工智能的进步。然而，感知机有一个明显的缺陷，它很难有效解决非线性的问题。图 23.2 所示的（a）（b）是分类成功和失败的例子，可以说明这个问题。当两类数据的分布如图（a）所示时，它们是线性可分的，可以找到一条直线将它们分开。然而，当两类数据的分布如图（b）所示时，感知机无法找到一条直线将它们分开，即图（c）、图（d）展现的情况，这就是感知机面临的“异或问题”。

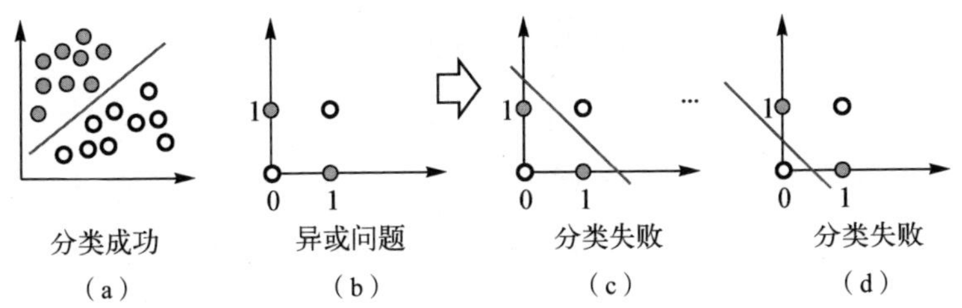

图 23.2　感知机分类成功和分类失败的例子

感知机失败之后，神经网络研究跌入低谷，几乎被全世界抛弃了。直到反向传播等算法出现，神经网络才得到了大发展，在 21 世纪大爆发，迎来了最灿烂的深度学习时代。

更复杂的神经网络 24

单层感知机只能处理线性可分问题，为了处理复杂的非线性问题，机器需要使用更复杂的网络模型进行学习。科学家提出使用多层神经网络，通过多层非线性变换，多层神经网络能够捕捉输入和输出之间的复杂关系。

多层神经网络可以认为是由多个神经元组合而成的模型，它的每一层都包含多个神经元，不同层之间的神经元互相连接，类似人脑神经元之间的连接。

在图 24.1 所示的多层神经网络中，最左边的是输入层，中间的层叫作隐藏层，最右边的层是输出层。机器在输入层读取待分类的特征数据，在隐藏层中使用非线性激活函数对中间结果进行变换，而输出层的多个神经元可用于解决多分类问题。

图 24.1 是一个简易的使用多层神经网络进行三分类的例子，任务是根据输入动物的体重、身高、耳朵大小、鼻子长短四个特征，判断该动物是猫、狗还是象。每根连线都代表了权重，即对应神经元的重要性，机器学习的目标是找到最优的权重数值。

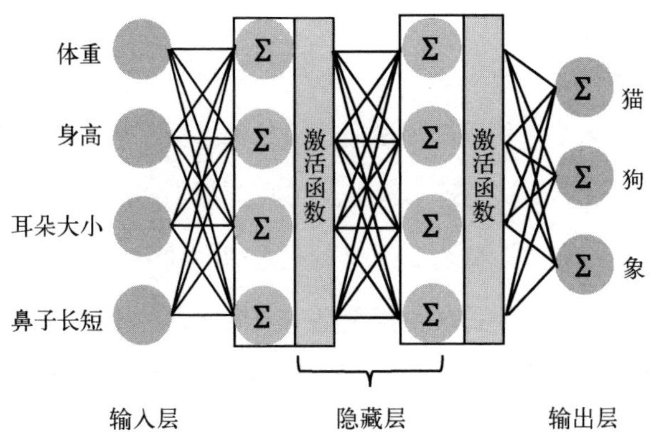

图 24.1　多层前馈神经网络示例

机器需要大量标注好的训练数据，你可以认为这些数据就是教科书，上面有问题和标准答案。机器要做的，就是通过不断调整参数，让神经网络在回答教科书中的问题的时候，给出的结果和答案尽可能接近。每做完一批题目，就要对照答案打分，如果分数比较低，就需要调整神经网络参数，提高下一次的成绩。经过反复回答问题和计算成绩，不断优化参数，直到成绩不能再提高了，这就表明机器已经学会了。

那么，这些参数是如何更新的呢？我们一般使用梯度下降与反向传播算法来不断调整参数。在机器学习的过程中，我们用损失函数来表示每一轮答题结果与标准答案之间的差异，机器的目标是不断减少这个损失，让机器尽可能少地出错。

你可以把损失函数想象成一座山，梯度下降就像试图找到山脚的位置（损失值最小），从当前位置（当前参数值）开始，计算当前参数的梯度（倾斜程度），不断向着山脚逼近，直到找到最低点。根据损失的大小，从输出层逆向传播到输入层，从后往前逐层修改每个参数，让总的损失越来越小，这种方法叫作反向传播法。

图 24.2 是梯度下降的一个简单示意图，其中只有两个要学习的参数，因而该示例中的损失函数是一个曲面。图中的每个箭头代表在该位置的一次参数更新，每经过一次更新，错误都会减少一点。

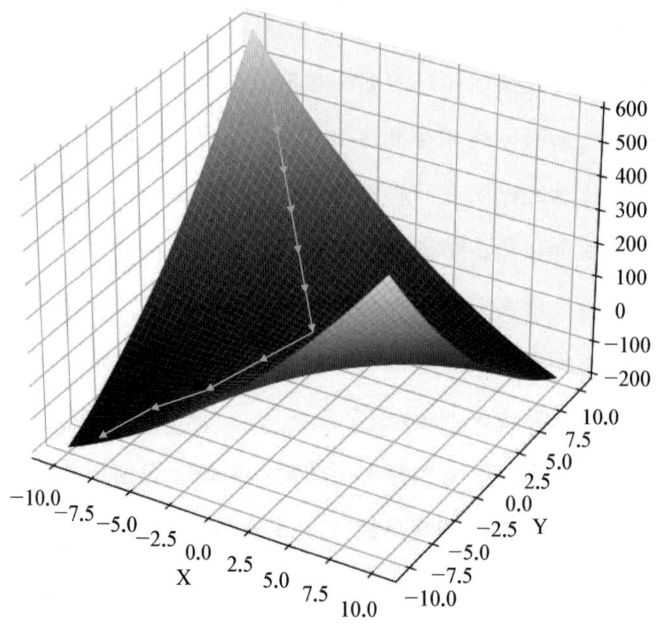

图 24.2 梯度下降示意图

采用多层神经网络进行机器学习的方法叫作深度学习，前馈神经网络是深度学习的基础模型，它可以解决感知机中的异或问题。但是，前馈神经网络还不够好，依然需要人为提取特征数据，且还要把每一层的所有神经元都连接起来，这样就太麻烦了。

后来，科学家提出很多新的深度学习网络，比如人们耳熟能详的卷积神经网络、循环神经网络、转换器、预训练模型等，它们可以让机器自动学习如何提取特征数据，也不需要将所有的神经元都连接起来，于是深度学习逐渐成为主流的机器学习方式。

深度学习推动了人工智能的迅速发展，大家现在使用的各种人工智能工具和系统，比如人脸识别、自动驾驶等，几乎都是依靠深度学习实现的。当然，深度学习还带来了非常火热的各种大模型，比如 ChatGPT、Sora 等，我们在第四章会对大模型进行介绍。

2018 年，杰弗里·辛顿、约书亚·本吉奥、杨立昆获得了计算机学界的最高奖——图灵奖。以他们为代表的科学研究人员，坚持不懈地开展机器学习研究，发表了一系列里程碑式的学术论文，推动了深度学习的大发展，人工智能也随之进入了新的纪元。认知、理解、创造，大部分人停留在前两个阶段，只有创造，才是人类进步的源泉！

怎样模仿人类的视觉 25

视觉是人类最重要的感官之一，我们通过眼睛观察和理解世界，进而开展各种活动。视觉的产生是一个复杂的过程。光线进入眼睛后，透过角膜和晶状体聚焦到视网膜上，视网膜中的感光细胞将光信号转换为电信号，这些信号会传递到大脑的初级视觉皮层。神经元对特定的视觉特征有特殊偏好，比如边缘、角点、纹理等，大脑将这些基本特征组合起来，识别出复杂的形状和物体。

计算机能否模拟人类的视觉呢?

人工智能领域一直在关注这方面的问题，形成了“计算机视觉”这一重要研究方向，取得了很多研究成果。如今，计算机视觉的应用无处不在，如安全监控、人脸解锁、拍照识物、美颜相机、智能修图、人脸支付等。

在诸多的计算机视觉技术中，卷积神经网络是一种应用广泛的深度学习模型，它受到人脑视觉系统的启发，在许多图像识别任务中得到应用。图 25.1 是“识别猫和狗”这个视觉任务的一个卷积神经网络架构示意图，该网络模型由多个卷积层、池化层和

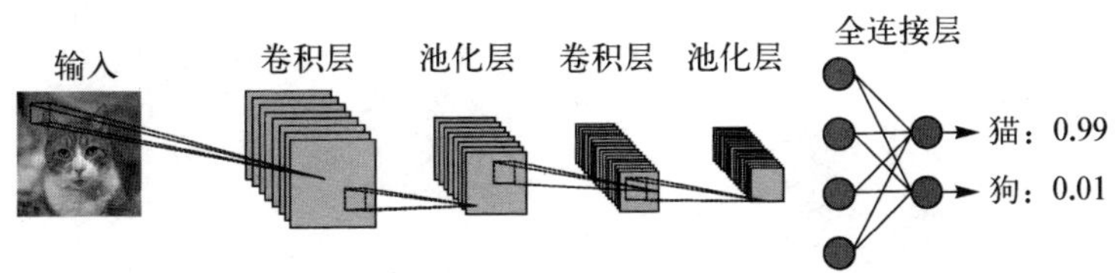

图 25.1　卷积神经网络架构示意图

全连接层组成。

卷积层通过卷积核与输入数据进行卷积计算，提取图像的局部特征，这些特征可以是边缘、角点、纹理等，它们对于图像的识别和理解至关重要。卷积层的后面，通常会连接一些非线性激活函数，增加模型处理非线性特征的能力。

池化层负责降低数据的维度（可以简单认为是缩小图片的尺寸），同时保留重要信息。常用的池化方式是计算局部最大值和计算局部均值，每个局部区域的数据维度降低后，可以减少后续的计算量，同时还可以防止模型过拟合（即机器仅学会了识别训练集中的图像，却无法识别没见过的图像）。

全连接层将上述多个步骤计算出来的特征图转换为一个数组，根据其中的数值进行分类或预测。比如图 25.2 中的猫，经过若干次的卷积、池化、全连接等计算后，最后得到判决：这张图片是猫的可能性为 90%、是狗的可能性为 10%。

在卷积神经网络中，卷积层是区别于普通全连接网络的重要特性，那么它是如何工作的呢?

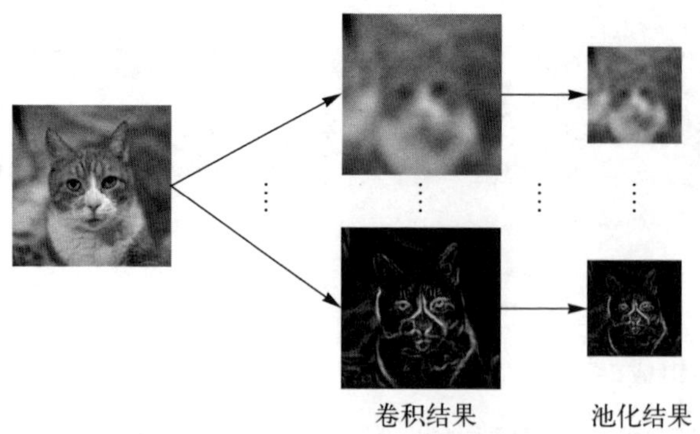

图 25.2 卷积与池化结果示意图

在卷积层中，有若干个带权重的卷积核，当一张图片输入到卷积层中后，每个卷积核都会从图片的左上角开始按照从左到右、从上到下的顺序扫描图片，直到扫描至图片的右下角。每扫描到一个位置，卷积核会对这个区域内的像素进行加权求和，卷积核中的权重大小体现了它认为哪些像素更重要。可以认为，卷积核就像人类的眼睛，不同的卷积核代表不同的视角，它可以逐一检查图像中的内容，提取出感兴趣的特征，再传递给后面的卷积层。

随着网络的加深，卷积层提取的特征也越来越抽象。例如，刚开始，卷积层会提取图片中的一些边缘、纹理和形状特征，后面的卷积层中的卷积核视野越来越大，提取的特征用于表示它对于图片整体和布局的理解。最后，卷积层提取的特征会被送入全连接层进行分类。

乔治亚理工学院的研究人员开发了一个卷积神经网络的可视化工具，用户在网页上能够通过交互的方式观察卷积神经网络的工作原理。用户可以点击自己感兴趣的图片，查看它是如何依次经历卷积层、非线性激活函数、池化层、全连接层的分析和理解，最终得出分类结果。

怎样理解人类的语言 26

语言是人类最重要的交流工具，我们可以用语言进行各种沟通和交流，表达自己的想法、需求和情感，分享各种知识和经验，等等。自然而然，人们会问一个问题：机器能否理解人类的语言？

在机器学习中，自然语言处理（Natural Language Processing，简称 NLP）试图解决的就是这个问题，这个研究方向探讨和人类语言相关的各种机器学习手段。

让我们回忆一下，咱们小时候是如何学习语言文字的呢？是从学习拼音开始的，再由汉字到词语，然后是语句和文章。也就是说，在能够看懂文章或写出文章之前，我们必须要有足够的词语储备，要理解它们的含义和用法。

对计算机来说，学习语言的过程也是如此。在机器学习中，大家把句子中的基本单元称为词元（token），中文的词元是汉字，英文的词元是单词。计算机首先需要构建包括大量词元的词汇表，然后才能学习语句。由于计算机只能理解数据，因而词汇表中的每个词元实际上是用一串数字来表示的，这串数字被称为“词向量”。

一个好的词向量应该有这样的规律：含义相近的单词对应的词向量是相似的。例如，如果我们把单词在平面上用点标出来，可以得到图 26.1，你会发现“跑”和“跳”挨得很近，它们都表示动作；“狗”“猫”和“兔子”挨得很近，它们都是动物；“树”“草”和“花”挨得很近，它们都是植物。经过很多年的研究，词向量的生成已经有了不少专门的算法。

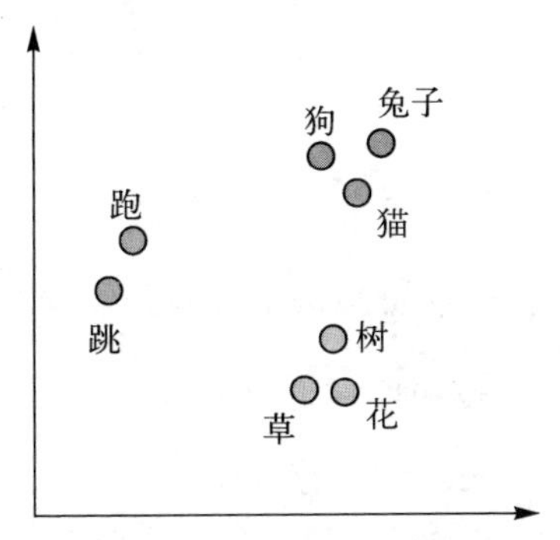

图 26.1　词向量在二维空间中的分布示意图

构建完词汇表后，就可以开始训练计算机理解自然语言了。和人类理解自然语言的顺序相同，计算机通常也会按照文本的顺序进行理解。循环神经网络是一种具有代表性的自然语言处理方法，它通过深度学习网络逐一理解词汇的意思。它是一种特殊的神经网络，具备一定的记忆能力，可以记住前面处理过的信息，并在需要时加以利用。

图 26.2 展示了中文翻译英文的循环神经网络，当我们将“我饿了，想吃巧克力”输入循环神经网络，网络会从头开始依次处理每个词，输出它对这个词的理解，并将结果输入到对下一个词的理解过程中。这样，整句话结束时，它输出的内容就是对整句话的翻译。

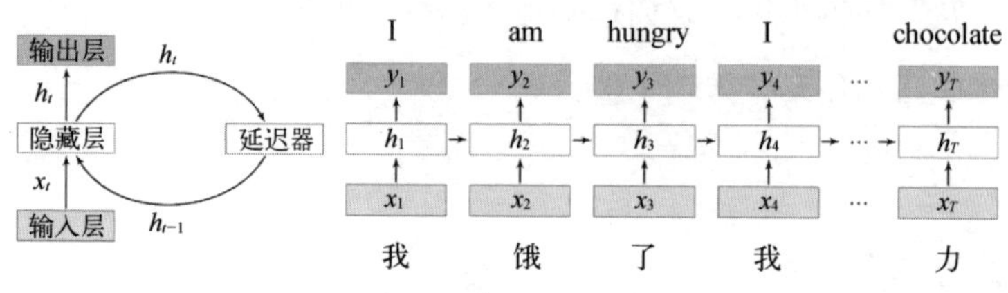

图 26.2 循环神经网络示例

循环神经网络也是通过梯度下降算法来进行参数学习的，随时间反向传播误差，按照时间的逆序将误差一步步地往前传递。循环神经网络在处理长序列时存在不足，无法有效地传递长序列中信息前后的关联。后来，研究人员又提出了长短时记忆网络（Long Short-Term Memory，简称 LSTM）、转换器等多种神经网络模型，这些模型可以有选择地记住或忘记信息，能够保持长序列中的重要信息，因而可以获得更好的理解能力。

有奖励，才能做得更好 27

我们在玩游戏时，如果每一步操作正确，就会获得一定的奖励，比如分数的增加或级别的提升等，如果操作错误，则可能会受到一定的惩罚。在多次尝试的过程中，我们不断学习，通过总结经验作出更加明智的决策，获得更多的奖励。

机器能否做到这一点？肯定可以，比如前面我们讲过的机器下棋。

强化学习是解决上述问题的重要机器学习方法，它的原理和人类玩游戏的过程相似，通过奖励分数的反馈，让机器变得越来越聪明，找到能够获得最多奖励的策略。目前，强化学习在游戏、机器人控制、自动驾驶等领域取得了显著的成就。

在强化学习中，我们把机器学习的主体叫作“智能体”，把智能体以外的世界叫作“环境”，智能体在与环境不断交互的过程中持续学习。智能体在环境中感知某个状态后（比如下棋游戏中对手的落子位置），利用该状态输出一个反应动作（机器给出对应的落子位置），这个动作会在环境之中被执行，环境会根据智能体采取的动作，输出下一个状态（对手下一步的棋子），以及当前这个动作带来的奖励（裁判员给出的评价）。

智能体的目标就是尽可能多地从环境中获取奖励！图 27.1 是一个强化学习的示意图，它是一个循环的过程：智能体观察当前状态，相应地做出动作，环境根据动作给予智能体一定的奖励，并产生新的状态，智能体重复上面的步骤，直到游戏结束。这整个过程就是强化学习，机器经过多次训练，就可以形成最优的判断能力。

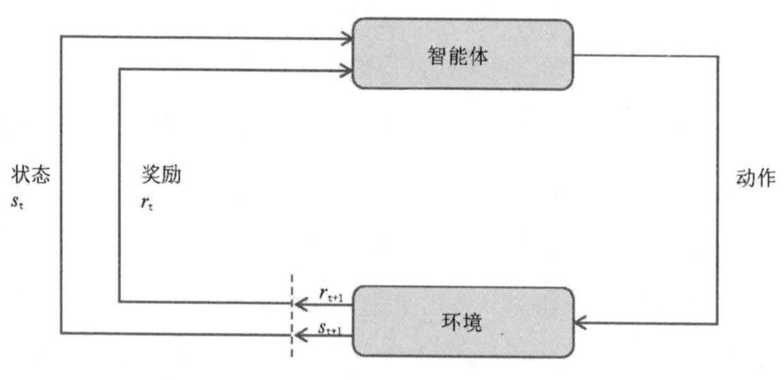

图 27.1　强化学习示意图

以经典的像素鸟（Flappy Bird）游戏为例，如果让计算机来学习玩这个游戏，这里的智能体就是游戏中的小鸟，整个游戏画面就是环境。计算机可以选择的动作有两个：（1）单击使小鸟飞起；（2）什么都不操作，小鸟会继续下落。状态是小鸟当前所处的位置。奖励是获得的分数。小鸟每通过一个管道就可以得一分，当小鸟碰到地面或管道时，游戏结束。计算机使用强化学习的方法，就能使智能体（小鸟）学会在每个状态下做出正确的动作，让游戏持续下去，获得最多的分数。

强化学习和监督学习不同。强化学习让机器在环境中不断尝试，根据行为结果来调整策略，从而获得最大的奖励。监督学习则是给机器提供了数据和标签，让机器在学习之后，能够预测新的数据的标签。可以说，强化学习是让机器根据规则探索并自学，监督学习则是让机器根据给定的答案来学习。

复杂的关系，复杂的图 28

我们生活在一个充满连接的时代，通过微信等社交网络，我们每个人都可以和全世界的很多人连接和交流。如何描述这种连接关系呢？一般来说，我们使用图数据来表示。

图数据是一种用来描述事物之间关系的形式，通常由节点和边组成，节点表示事物，边表示事物之间的关系。社交网络就是一个很好的例子，用户可以被表示为节点，他们之间的关系（比如朋友关系、关注关系等）可以被表示为边（见图 28.1）。

如果用图数据来表示我们的社交关系，那我们在理解这个图数据时，首先会关注每个人和其他人的联系，比如谁和谁是朋友，谁和谁是亲戚，等等。我们还会观察这些关系是否稳定，是不是经常互动。通过诸如此类的各种信息，我们就能对这张图有大致了解。

然而，如果这张图非常大，比如社交网络中有几万人互联，我们就需要更有效的方法来理解它——图神经网络（Graph Neural Network，简称 GNN）。图神经网络就像是一个社交高手，它能快速地了解社交网络的整体情况，包括每个人（节点）的年龄和职

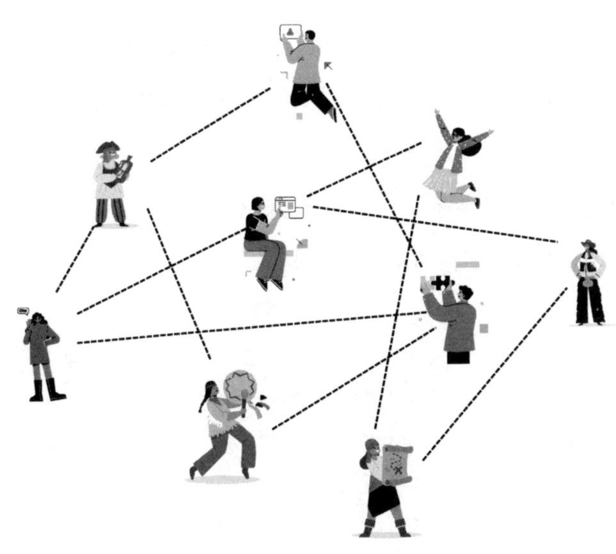

图 28.1　社交网络示意图

业等背景信息，还会考虑他们之间的连接和互动等特点，然后综合这些信息，给出一个人在社交网络中的全面画像。

图神经网络是一种处理图数据的深度学习模型，它的主要思想是通过消息传递机制来聚合相邻节点的信息。节点的特征不仅取决于它自身的属性，还取决于它与其他节点的连接方式和连接节点的特征。图神经网络中的每个节点首先会计算自己的特征，然后与连接节点交换一部分特征信息。这种机制叫作“消息传递”，如同社交网络中的人们交流分享彼此的信息。通过交换，每个节点能够获得更全面的信息，整个网络能够更好地理解和处理图结构数据。

图神经网络在许多领域都有广泛的应用，如社交网络分析、推荐系统、生物信息学、交通规划等。图神经网络可以解决这些领域的许多问题，比如节点分类、图分类、链路预测（见图 28.2）等。利用图神经网络还可以对社交网络中的用户进行分类和行为预测，甚至预测某个地点的交通流量等。

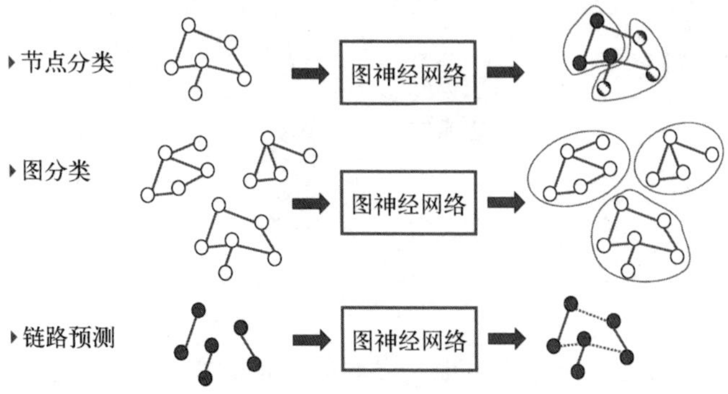

图 28.2　神经网络应用示例

我的财产，不能告诉你 29

不知道你有没有考虑过这样一个问题：有两个人想比较一下谁的钱更多，但是他们都不想暴露自己有多少钱，应该怎么办？最直接的想法是找个裁判，两人都把个人信息告诉他，请他来比较。但是，这样的话，自己的财产就暴露给裁判了——这不符合要求。

很显然，这是一个在保护个人隐私（财产数额）的前提条件下的数学计算问题（在这儿是比较大小）。这个问题在几十年前就有人考虑过，即著名科学家姚期智先生提出的“百万富翁问题”，他通过数学方法解决了这个问题，也成为第一位获得图灵奖的华人科学家。

类似的问题在机器学习中也存在。如果我们把所有数据都集中在一起进行处理和学习，那么这种学习方式叫作“集中式学习”。但在实际生活中，数据经常分布在不同的单位，不同对象的数据资产，不能公开或者不愿意共享，无法集中起来进行机器学习。怎么解决这个问题呢？

这就需要分布式地进行学习，联邦学习应运而生——既然数据拥有者不愿意直接分享数据，那大家就像联邦一样，按照统一的规则分别在自己家里学习，然后再集中到一起形成结论。

图 29.1 的示意图展示了联邦学习的实现方式，由中心服务器把全局模型发送到每个设备上，每个设备用本地数据训练局部模型，然后再把局部模型发送回服务器，服务器把学到的模型参数汇总起来，更新成一个全局模型。在联邦学习中，各个参与方不必共享数据，最后的全局模型又可以融合所有参与方的数据。

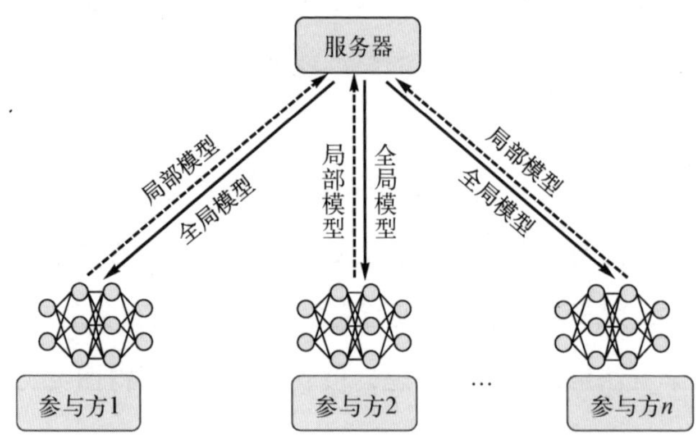

图 29.1 联邦学习示意图

由于企业机密、商业数据、医疗信息、个人数据、图片视频等数据不方便直接共享，社会和行业中容易形成“数据孤岛”。联邦学习这种“团队合作”的方式，让大家既能保护隐私，又可以让自己的数据发挥作用。

联邦学习具有重要的应用价值。联邦学习的核心是在保护数据隐私的前提下，通过共享模型更新而不是数据本身来提升模型的性能，它在金融科技、医疗健康、智能交通、个性化教育等对数据隐私要求较高的领域有着广泛的应用。

联邦学习还可以分为横向联邦学习、纵向联邦学习、联邦迁移学习等不同的形式（如图 29.2）。

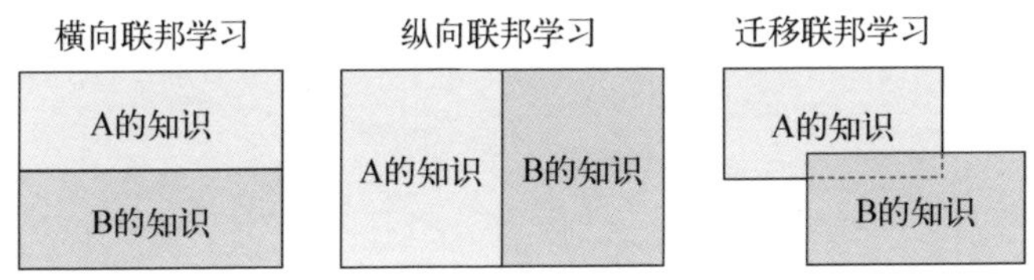

图 29.2 不同形式的联邦学习

在横向联邦学习中，多个设备拥有相同类型的数据，每个设备都能根据自己的数据学习，然后把学到的知识分享给其他设备，这样每个设备都能从其他设备那里学到更多知识。

在纵向联邦学习中，多个设备拥有不同类型的数据，但这些数据是相互补充的，让每个设备在自己擅长的领域学习，并把学到的知识分享给其他设备，通过相互之间的学习，学到自己不擅长的知识。

联邦迁移学习与上述两种学习都不同，它的每个设备拥有的数据类型不同，相互之间只有部分重叠，每个设备学习自身的知识，并迁移到目标领域的模型上。

科学并非是空中楼阁，很多时候科学恰恰是人间烟火，考虑的是解决人们日常生活中的实际问题，或寻求新的方法来解决问题。假如你也发现了对全世界有意义的问题，并且有效地解决了这个问题，或许你也能成为大科学家。

绘画，其实是一种对抗 30

请看图 30.1 的这些照片，你觉得它们看起来如何？也许你会赞叹摄影师的技术真不错。然而，这些照片其实是由计算机通过人工智能技术生成的。现在，先进的人工智能技术已经能够生成各种各样真假莫辨的图片了。

图 30.1 计算机生成的图片
（资料来源：CVPR 2019）

前面我们提过 AIGC，它表示的是“人工智能生成内容”，那机器到底是怎样画出一幅图片的呢？当然，需要通过学习，但是仅仅通过“看”各种各样的图片，机器是无法学会画画的，必须有人从旁边进行指导（判别），这就是“生成对抗网络”，它是

AIGC 最初的思想。

机器是如何通过生成对抗网络“学会”创作的呢？即生成者不断生成内容，判别者不断鉴定生成的内容像不像真实图片（示意图见图 30.2）。生成对抗网络由两部分组成：生成器和判别器。生成器的任务是生成逼真的数据（如图像、视频、音频、文本等），判别器的任务则是将生成数据与真实数据区分开来。因此，生成器和判别器是相互竞争的，这种对抗驱使它们不断改进自己的性能，最终两者达到一个动态平衡。

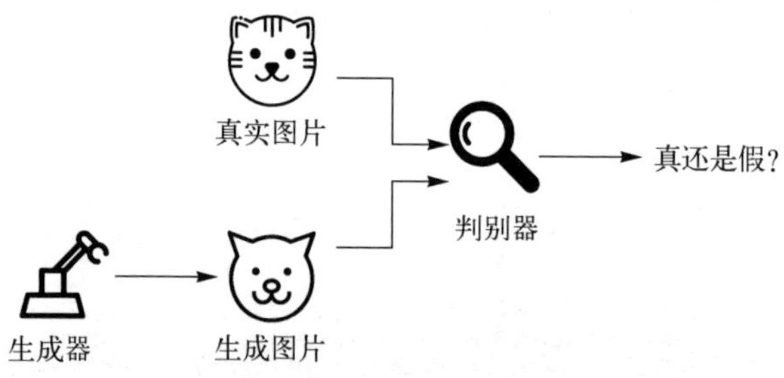

图 30.2　生成对抗网络的结构示意图

为了更好地理解生成对抗网络，我们举一个例子。假设有一个小镇，里面有一位画家和一位鉴定师，画家的目标是模仿梵高的画，而鉴定师的任务是鉴定绘画作品的真伪。他们之间展开了一场精彩的对抗：画家不断改进自己的技术，画出来的画和梵高的画越来越像；鉴定师也没有闲着，努力提高自己鉴别真假绘画的能力。随着时间的推移，他们俩的对抗变得越来越激烈。画家的绘画以假乱真，鉴定师也练就火眼金睛。最终，画家模仿梵高的画拿到小镇以外的时候，没有人能够识别它的真假（见图 30.3）。

图 30.3 生成对抗网络的训练过程

生成对抗网络最引人注目的应用之一是图像生成，包括人脸、动物、风景等各种各样的内容，这项技术在电影特效、虚拟现实和电子游戏领域有广泛应用，具有重要意义，可以带来更加逼真和引人入胜的视觉体验。它还可以应用于音频生成、艺术创作等多个领域，创造出更加丰富多彩的作品。

如今，生成对抗网络的各种方法不断涌现，图 30.4 展示的是一些主要方法出现的时间轴。值得注意的是，这个技术也能被不法分子利用来危害社会。近年来，深度伪造（DeepFake）被全世界广泛关注，它可以生成虚假视频和图片，制造虚假新闻，误导公众视听，导致严重的社会问题。目前，如何鉴定媒体内容是否由机器合成，如何使用人工智能来对人工智能生成内容进行“打假”，成为全世界关注的焦点。

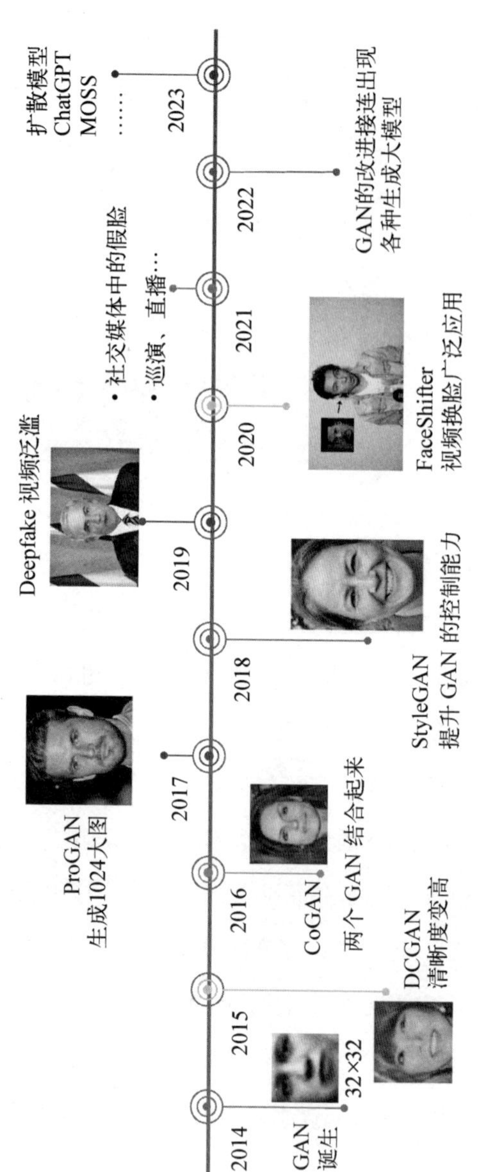

图 30.4 图像生成的时间轴（图中照片均使用图像生成技术生成）

从无到有，扩散诞生万物 31

如果让你画一幅画，最初你的大脑中一片模糊，随着反复地思考，画面逐步清晰，最后形成一个完整的构思。这个过程，可以说是从混沌中生成画面。

机器能否模拟这个过程？当前，人工智能生成图像中最受欢迎的方法是稳定扩散模型（Stable Diffusion），给它一个文本提示，它将输出与文本相匹配的图片。

稳定扩散模型是一种深度学习模型，采用前向扩散和反向扩散两个步骤来生成多种多样的图像内容。稳定扩散模型包括前向和反向两个过程，如图 31.1 所示。

在前向扩散过程中，模型对训练图像逐步添加噪声，直到图像变成完全随机的噪声。这个过程就像在一张画布上逐渐添加墨水，

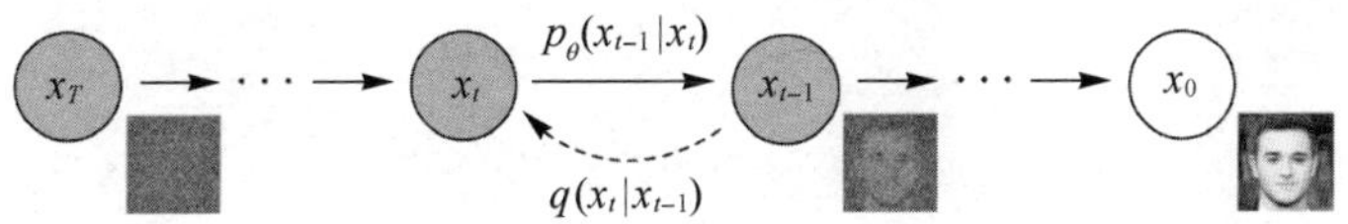

图 31.1 扩散模型的前向和反向过程示意图

（资料来源：论文《去噪扩散概率模型》〔*Denoising Diffusion Probabilistic Models*〕）

最终形成一张模糊不清的图像。它不再拥有具体的特征，相当于由墨水渐渐扩散形成的图片。

在反向扩散过程中，模型将噪声图像逐步恢复成原始图像。这个过程就像在一张模糊的图像上逐渐擦去墨水，最终形成一张清晰的图像。模型通过逐步移除噪声，逆转前向扩散的效果，从而还原出最初的图像，就像是墨水从滴落的位置被抽掉了一样。

这个过程的精髓在于，通过逆向操作来还原原始的图像，就像倒放视频一样，从混沌和无序的状态重新回到有序和特定的状态。当我们拥有大量的训练样本，通过这样的训练模式，机器就学会了如何从无序的“画布”中，一步一步地生成逼真的图像（见图 31.2）。

图 31.2 扩散模型生成的图像

（资料来源：论文《去噪扩散概率模型》〔*Denoising Diffusion Probabilistic Models*〕）

当前，稳定扩散模型在生成式内容中具有广泛的应用。这个模型可以应用于各种场景，比如根据文字描述生成图片，进行图像编辑、艺术创作等。它为人们提供了一个强大的工具，帮助人们实现更高精度和更具新意的创作。

会写作文的变形金刚 32

人类依靠语言学习学会说话，在不断地阅读中学会写作，当我们能够写出好的文章时，自然也就具备了好的阅读理解能力。机器能否像人类一样学习语言、写作，理解和生成文字呢?

当然可以，现有的通用生成式大模型 ChatGPT 等就能做到这一点。

ChatGPT 等语言大模型使用的基础架构是转换器。我们可以把转换器看成一个能够“看清”全文的魔法盒。想象一下，假如你正在翻译一篇文章，传统方法是逐词逐句处理。但转换器不同，它一次性“看”整篇文章，将原文变成模型能看懂的“文章”（数据向量），然后根据全局信息进行翻译，如图 32.1 所示。它能“洞察”整篇文章的含义，并将其转化成机器可以理解的语言。

转换器模型的架构大致如图 32.2 所示，其中包括四个部分：输入部分、编码器、解码器和输出部分。输入部分接收文本，包括已经输出的内容（作为下一阶段的输入）；编码器将输入的内容转换成机器可理解的数据；解码器将机器数据转换成目标输出；

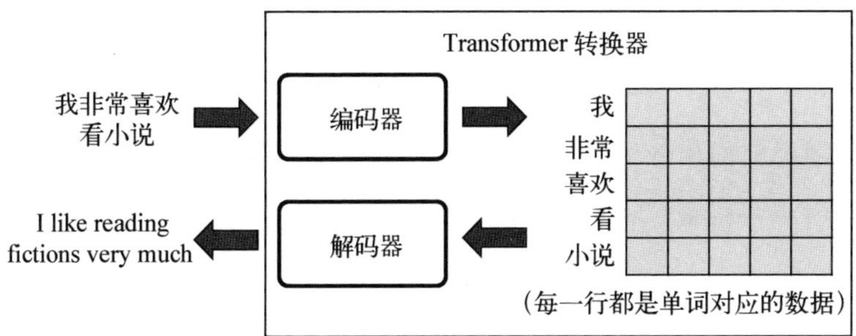

图 32.1 转换器示意图

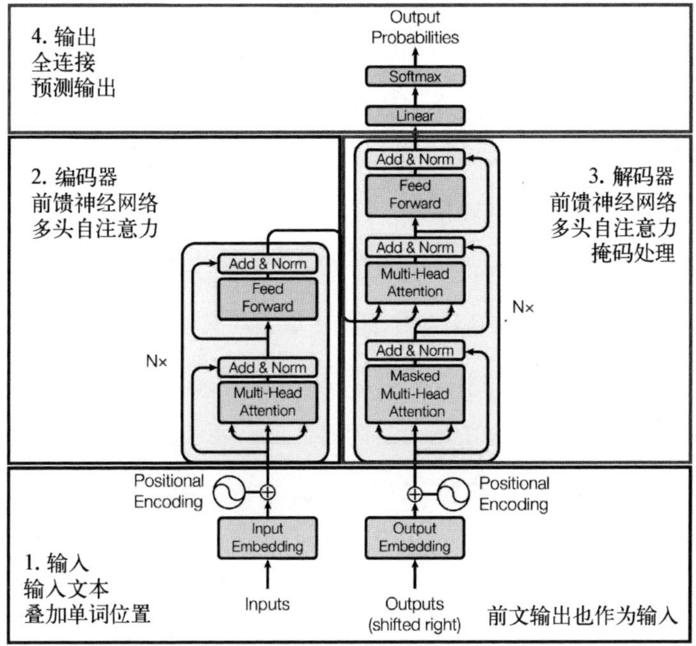

图 32.2 转换器的架构图

（资料来源：论文《注意力机制至关重要》〔*Attention Is All You Need*〕）

输出部分根据解码的数据生成最终结果。

想象一下，当你写一篇文章时，不仅需要考虑当前的词语，还要考虑前面出现过的词语，确保整篇文章通顺连贯。转换器模型也有类似机制，它会记住已经处理过的词语，并将这些信息编码成位置向量，保留词语在句子中的顺序信息。

转换器还拥有自注意力机制（如同人的重点关注——即便周围全是说话声，你也能听到和你对话者所说的话，这就是注意力），允许它在处理输入序列的同时关注每个词的上下文，更好地理解整个句子的含义。

由于转换器表现优异，现有的很多语言类生成模型都是基于它的原理构造的，比如由 OpenAI 公司提出的一系列 GPT 模型。GPT 即生成式预训练转换器，它的目标是像人一样生成新的文本。你可以把 GPT 想象成一个“博览群书”的虚拟作家，通过阅读大量文本来学习写作技巧，能够自动生成新的文章。

GPT 的训练过程有点像训练学生写作文。它需要阅读大量的文本，理解各种文本中词语之间的关系，可以通过填空题来测试它的阅读理解能力。GPT 模型通过预测下一个词语来检验自己对文本的理解程度，一旦 GPT 模型学会了如何预测下一个词语，就可以开始写作了，它会根据已经写过的部分来生成新的内容。

值得注意的是，GPT 模型是一个单向生成模型，这意味着它只能根据已经生成的部分来生成新的内容。这就好像你在写文章时只能根据前面写过的内容来继续写下去一样。

总的来说，GPT 模型通过学习大量文本数据来模仿人类写作的过程，生成与原始文本类似的新内容。生成式语言大模型的发展，为人工智能的发展带来了新的可能性，在很多方面解放了人的脑力，未来它们有望在各行各业发挥更大的作用。

大模型的现实应用

Real World Uses of Large Models

大模型是什么 33

在过去的几十年里，科学家们对人工智能进行了无数次的探索与尝试，就像是在引导一群小朋友学会认识世界一样。他们从简单的机器学习模型开始，逐步探索出人工智能的理论与方法，直至发展出今天功能强大的大模型。大模型是近年来人工智能领域的重大突破之一，在多个领域展现出强大的能力。

回顾历史，人工神经网络的出现拉开了机器模拟人类大脑的序幕，通过神经元连接来模拟人类智能。最早的感知机等第一代神经网络可解决简单问题，后来的多层感知机等技术又解决了传统感知机的问题，误差反向传播等技术让深度神经网络变成了现实。

然而，即便我们能够组建多层次的人工神经网络，与人类大脑中的神经元数量相比，它们都还是小儿科。人们忽然意识到，只要有足够多的计算资源，我们就可以搭建具有足够多神经元的人工神经网络，那就可以容纳足够多的知识，产生无数不同的连接，从而更好地实现人工智能生成内容，这就是我们今天所说的大模型。

大模型，是“大规模人工智能模型”的简称，它是一种复杂的深度神经网络系统，通常具有数千万到数万亿个参数，其需要强大的计算能力来处理和分析海量的数据，进而学会执行各种复杂的任务。大模型在自然语言处理、计算机视觉、语音识别、程序编写等领域有着广泛的应用，比如撰写文章、识别物体、合成图片、翻译语言、编写代码、创作音乐等。

自然语言处理技术起源于转换器，发端于 GPT 和 BERT 等模型。当前著名的语言大模型（Large Language Model，简称 LLM），包括 OpenAI 的 ChatGPT、谷歌的 Gemini、Meta 的 Llama、百度的文心一言、月之暗面的 Kimi、阿里云的通义千问、科大讯飞的讯飞星火、华为的盘古大模型、复旦大学的 MOSS 等，它们的主要功能包括但不限于：根据提示词（Prompt）撰写文章、回答问题、翻译语言、分析文本、撰写诗歌、进行数学计算等。

图像和视频领域的视觉大模型（Visual Large Model，简称 VLM）也是研究的热点，它们的主要任务是生成图像、生成视频、理解内容、检测目标、识别内容等。著名的图像类大模型包括 OpenAI 的 DALL-E、Stability AI 的 Stable Diffusion、Midjourney 等。在视频合成大模型方面，最有代表性的是 OpenAI 推出的 Sora 大模型。一些语言大模型也具备视觉功能，如 CLIP 模型可以连接文本和图像，实现多模态的理解和生成，此外还有很多针对特定知识领域的垂直大模型。

目前，大模型正在改变我们的世界，互联网使用它们来提高搜索引擎的效率，医生使用它们来辅助诊断疾病，艺术家使用它们来创作作品，企业使用它们来提升办公效率，等等。它们的应用几乎无处不在，正逐渐成为现代科技的一个重要基石。

知识服务更便捷 34

生活中会遇到各种问题，当我们没有解决办法的时候，可能有几种方案：第一种，靠猜；第二种，问周围的人；第三种，翻阅百科全书；第四种，上网搜索。现在有了更便捷的方法，直接把你遇到的问题发给大模型，它会给你答案。记住，你可以问任何问题！

比如，有一天你迸发出一个奇思妙想，脑海突然闪过一个有趣的疑惑："为什么地球在旋转时，我不会被甩到太空去？"让我们向大模型 ChatGPT 提问，看看它是怎么回答的（见图 34.1）。

答案瞬间就产生了，你可以让它讲得更全面，也可以让它讲得更简洁。听其一席话，我们再也不用担心睡觉时会被甩到外太空去了。

天有不测风云，也许今天刚好有你最爱上的计算机课，又或许你和同学约好了今天一起在学校的操场打球。但恰恰也是今天，你由于重感冒而不得不请一次病假。

怎么向老师请假才能简洁明了地传达信息又不失你作为一个

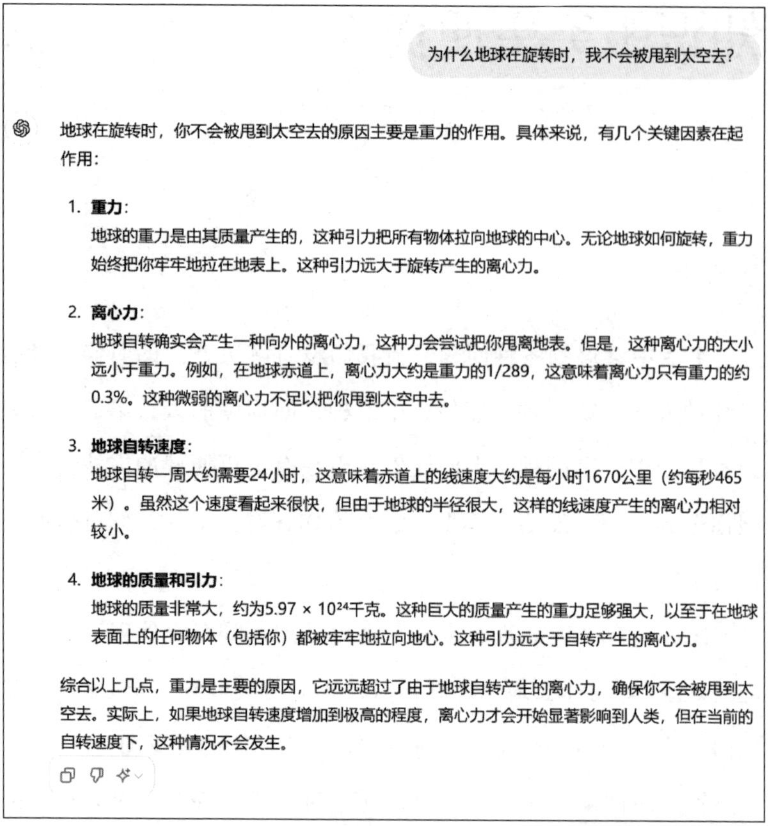

为什么地球在旋转时，我不会被甩到太空去?

地球在旋转时，你不会被甩到太空去的原因主要是重力的作用。具体来说，有几个关键因素在起作用:

1. **重力**:
   地球的重力是由其质量产生的，这种引力把所有物体拉向地球的中心。无论地球如何旋转，重力始终把你牢牢地拉在地表上。这种引力远大于旋转产生的离心力。

2. **离心力**:
   地球自转确实会产生一种向外的离心力，这种力会尝试把你甩离地表。但是，这种离心力的大小远小于重力。例如，在地球赤道上，离心力大约是重力的1/289，这意味着离心力只有重力的约0.3%。这种微弱的离心力不足以把你甩到太空中去。

3. **地球自转速度**:
   地球自转一周大约需要24小时，这意味着赤道上的线速度大约是每小时1670公里（约每秒465米）。虽然这个速度看起来很快，但由于地球的半径很大，这样的线速度产生的离心力相对较小。

4. **地球的质量和引力**:
   地球的质量非常大，约为5.97 × 10^{24}千克。这种巨大的质量产生的重力足够强大，以至于在地球表面上的任何物体（包括你）都被牢牢地拉向地心。这种引力远大于自转产生的离心力。

综合以上几点，重力是主要的原因，它远远超过了由于地球自转产生的离心力，确保你不会被甩到太空去。实际上，如果地球自转速度增加到极高的程度，离心力才会开始显著影响到人类，但在当前的自转速度下，这种情况不会发生。

图 34.1　用 GPT-3.5 解答问题
（资料来源：OpenAI 官网）

好学生应有的礼貌风度呢？感冒高烧已经让你自顾不暇，而大模型愿意站出来再一次为我们排忧解难（见图 34.2）。

如此一来，我们只需要“对号入座”，就可以完成这张请假条了！请完假就在家安心养病吧！

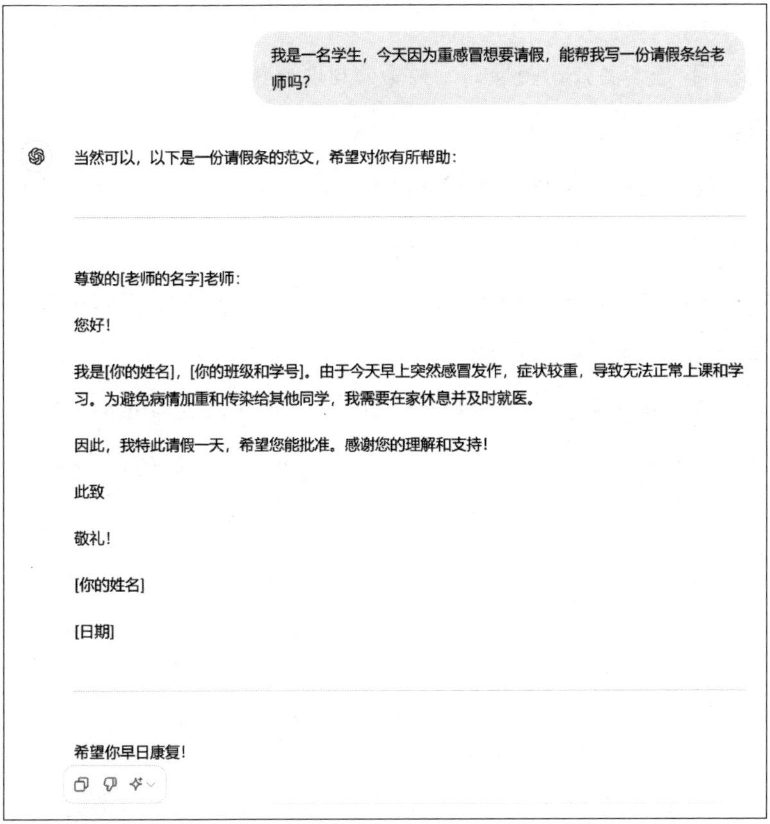

我是一名学生，今天因为重感冒想要请假，能帮我写一份请假条给老师吗？

当然可以，以下是一份请假条的范文，希望对你有所帮助：

尊敬的[老师的名字]老师：

您好！

我是[你的姓名]，[你的班级和学号]。由于今天早上突然感冒发作，症状较重，导致无法正常上课和学习。为避免病情加重和传染给其他同学，我需要在家休息并及时就医。

因此，我特此请假一天，希望您能批准。感谢您的理解和支持！

此致

敬礼！

[你的姓名]

[日期]

希望你早日康复！

图 34.2　GPT-3.5 生成的请假条

（资料来源：OpenAI 官网）

或许你是一位上市公司的领导，如果不是，就让我们畅想一下类似的情景。在公司的两周年庆典上，你作为领导，想作一次振奋人心、鼓舞士气的慷慨激昂的发言。怎么写出一份合适的发言稿呢？

不妨让我们再借助一下 ChatGPT 大模型，你只要输入你的问题："我是一名公司领导，今天是公司两周年庆，能帮我写一份发言稿吗？"（见图 34.3）

读完这份发言稿，我们不得不承认，大模型在如何增强公司凝聚力、团结公司员工力量上也颇有天赋。

上面我们使用 GPT-3.5 生成了几个例子，ChatGPT 的功能非常强大，远不止这么简单。

2015 年，萨姆·奥尔特曼（Sam Altman）等人宣布成立非营利性机构 OpenAI，"Open" 显示出他们开放、开源的创立理念。他们怀着伟大的愿景，期望开发安全的、接近人类的人工智能，用于造福人类社会。借助人工智能界的顶级科学家杰弗里·辛顿、杨立昆等人的影响力，OpenAI 汇集了全球顶尖的科研人员和工程师。

这支充满热情的团队展现出了惊人的创造力。2016 年 4 月，OpenAI 推出了强化学习研究平台"OpenAI Gym"的公测版。同年 12 月，他们又发布了软件平台"Universe"，上线这一平台是为了让人工智能技术能在全球范围内的游戏、网站和其他应用程序中展现出通用智能，并提供相应的衡量和训练工具。

2017 年，OpenAI 推出首个大语言模型 GPT-1，它能大幅度提高人工智能语言大模型的理解能力。2019 年和 2020 年，OpenAI 又分别发布了 GPT-2、GPT-3。2022 年底，OpenAI 发布了

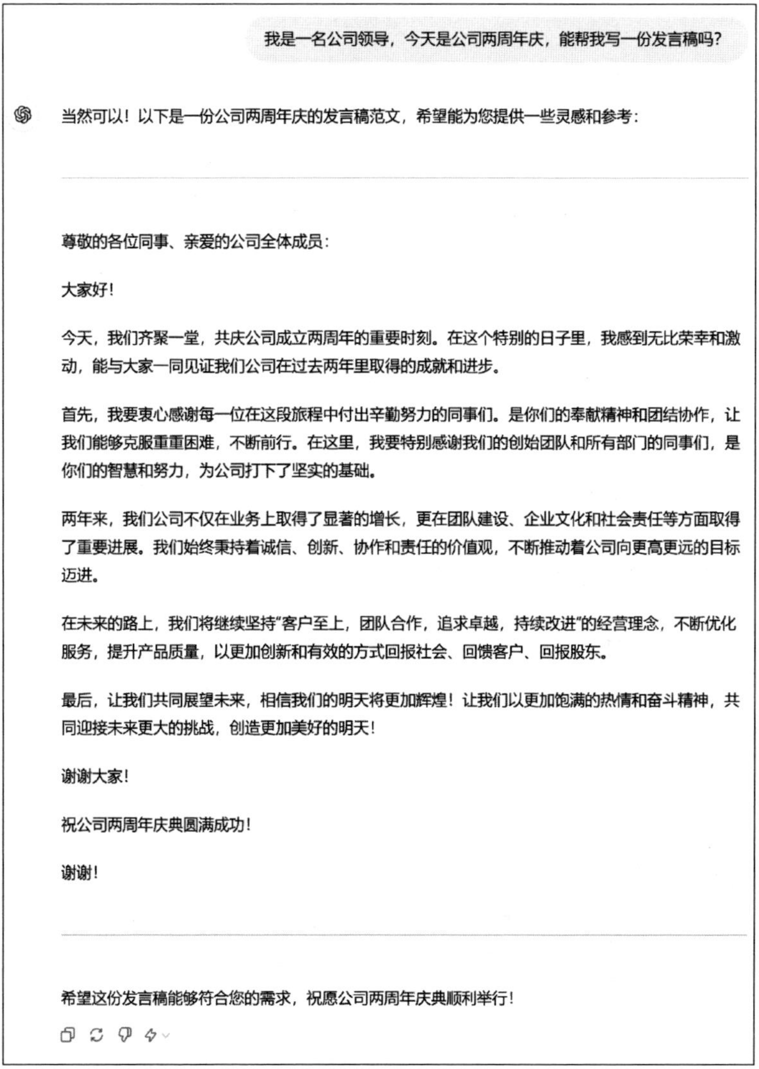

我是一名公司领导，今天是公司两周年庆，能帮我写一份发言稿吗？

当然可以！以下是一份公司两周年庆的发言稿范文，希望能为您提供一些灵感和参考：

尊敬的各位同事、亲爱的公司全体成员：

大家好！

今天，我们齐聚一堂，共庆公司成立两周年的重要时刻。在这个特别的日子里，我感到无比荣幸和激动，能与大家一同见证我们公司在过去两年里取得的成就和进步。

首先，我要衷心感谢每一位在这段旅程中付出辛勤努力的同事们。是你们的奉献精神和团结协作，让我们能够克服重重困难，不断前行。在这里，我要特别感谢我们的创始团队和所有部门的同事们，是你们的智慧和努力，为公司打下了坚实的基础。

两年来，我们公司不仅在业务上取得了显著的增长，更在团队建设、企业文化和社会责任等方面取得了重要进展。我们始终秉持着诚信、创新、协作和责任的价值观，不断推动着公司向更高更远的目标迈进。

在未来的路上，我们将继续坚持"客户至上，团队合作，追求卓越，持续改进"的经营理念，不断优化服务，提升产品质量，以更加创新和有效的方式回报社会、回馈客户、回报股东。

最后，让我们共同展望未来，相信我们的明天将更加辉煌！让我们以更加饱满的热情和奋斗精神，共同迎接未来更大的挑战，创造更加美好的明天！

谢谢大家！

祝公司两周年庆典圆满成功！

谢谢！

希望这份发言稿能够符合您的需求，祝愿公司两周年庆典顺利举行！

图 34.3　GPT-3.5 生成的发言稿

（资料来源：OpenAI 官网）

ChatGPT 语言对话模型，该模型拥有智能的对话模式以及庞大的知识库，其优异的性能迅速引发了公众对于大模型的兴趣与关注。2023 年，OpenAI 进一步升级了 ChatGPT 大模型，上线了支持图像生成、语料库更加庞大的 GPT-4 模型。GPT-4 的参数量达到了 1.6 万亿，是前一版本的两倍多，它的自然语言处理能力远超其他大模型。

ChatGPT 是由 OpenAI 开发的一款聊天机器人，于 2022 年 11 月 30 日发布。ChatGPT 就像我们博学多才的好朋友，面对我们提出的生活、学习、工作上的各种问题，都能够从自己的视角给出令人满意的建议和回答。

ChatGPT 的训练过程类似人类的学习模式：人类从小大量地学习知识，然后通过考试检测掌握程度。ChatGPT 在投入使用前也在庞大的文本数据集上进行预训练，这个数据集包含了各个领域的详尽知识，相当于让机器把各种资料都学习了一遍。通过这样的学习，无论是日常生活的对话还是专业知识讨论，ChatGPT 都游刃有余。特别重要的一点是，ChatGPT 还能够根据用户的反馈进行微调优化，以提供更加个性化的服务。这相当于一个人完成了基础教育，走向社会后还可以接受外界的教育，提升自己的水平。

ChatGPT 的成功引发了大型语言模型研究的热潮，为人工智能领域带来了前所未有的投资和大量的公众关注。用户只需在对话框中输入文本即可开始对话。与 ChatGPT 聊天时，ChatGPT 会根据用户的回复以及上下文来补充和完善对话内容，它不仅可以像人类一样进行交流，还可以完成文案撰写、翻译、代码生成等任务。

OpenAI 不仅在语言模型领先，在图像生成领域也是行业先驱。他们在 2018 年发布了 Glow 模型，在 2021 年和 2022 年分别推出了 DALL-E、DALL-E2 模型，不断探索生成更精美、更逼真、更可控的图像。2024 年，OpenAI 发布了 Sora 视频生成模型，可以根据文本输入内容生成长达一分钟的视频，且视频前后衔接流畅，为未来电影制作行业提供了新的发展方向。

在高性能的背后，伴随的是巨大的消耗，大模型的运行需要高计算力、大规模数据以及高昂的运维开销。据报道，仅运行 ChatGPT 服务，OpenAI 每天需要花费将近 70 万美元，日运行的耗电量达 50 万千瓦时，是普通美国家庭日耗电量的 1.7 万倍。大模型运行需要巨大的资源支撑，这预示着人工智能行业的大规模基建时代已经到来，如何平衡盈利和发展需求，已经成为全世界的新挑战。

写文章更轻松 35

著名的帝王兼文学家曹丕说："盖文章，经国之大业，不朽之盛事。"可见，在任何时候，写文章都是非常重要的。我们从小就要学习写作文，长大后还要写，能不能让写作轻松一些呢?

记得小时候常读童话故事，童话在启蒙阶段给我们带来了很多思考和快乐，也教会了我们许多终身受用的道理。如果让你创作一篇童话，你能顺利完成吗？何不让语言大模型 Kimi 来试试?（见表 35.1）

这位大模型童话作家，向我们描述了彩虹小镇的美好生活！文章看起来像模像样。

除了创作童话，语言大模型还可以帮我们记录美好生活感受。

美好蕴藏在生活的每个角落。每当春天来临，大人们带着孩子们在草地上闲游，赏花、观景、放风筝、丢飞盘，或铺上野餐垫，促膝而谈。在生机盎然的日子里，眼前的景象让我流连。此时此刻，我想吟诗一首！我搜肠刮肚，奈何肚子中的"墨水"干涸，最后我还是找到了解决方法，找大模型 Kimi 帮忙（见表 35.2）！

表 35.1 Kimi 生成的童话故事

输入：	请为我创作一篇描述美好生活的童话故事
输出：	在一个遥远的国度里，有一个被绿色森林和清澈河流环抱的小村庄。这个村庄名叫“和谐村”，这里的居民们过着简单而幸福的生活。他们与大自然和谐共处，彼此之间充满了爱与尊重。 故事的主角是一个名叫艾拉的小女孩。艾拉有着一颗善良的心和对世界无限的好奇。她的眼睛像星星一样闪烁，她的笑容能够温暖每一个看到她的人。 一天，艾拉在森林里散步时，发现了一只受伤的小鹿。她轻轻地抱起小鹿，把它带回了家。艾拉用草药和温柔的抚摸治愈了小鹿的伤口。不久，小鹿恢复了健康，它和艾拉成了最好的朋友。小鹿的名字叫作“希望”，因为它给艾拉带来了希望和快乐。 艾拉和希望的友谊很快在村庄里传开了。村民们被艾拉的善良和勇气所感动，他们开始更加珍惜和保护周围的自然环境。他们种植更多的树木，清理河流，让村庄变得更加美丽。 随着时间的流逝，和谐村变得更加繁荣。村民们不仅在物质上富足，更重要的是，他们的心灵也得到了滋养。他们学会了感恩，学会了分享，学会了爱。 艾拉长大后，成为村庄的守护者，她的故事激励着一代又一代的人。她教会了大家一个重要的道理：真正的美好生活，不仅仅是物质的丰富，更是心灵的满足和与自然的和谐共存。 故事的结尾，艾拉坐在一棵古老的橡树下，望着满天的繁星，微笑着。她知道，只要心中有爱，有希望，生活就会充满美好。 这个童话故事告诉我们，美好生活并不仅仅在于物质的丰富，更在于我们如何与他人、与自然和谐相处，以及我们如何用爱和希望去丰富我们的心灵。

（资料来源：Kimi 官网）

表 35.2 Kimi 生成的诗歌

输入：	校园内的草地上，大人带着小孩子放风筝、赏花观鸟，雨后空气清新芳香，请为我作一首七言律诗，歌颂生活之美
输出：	雨后校园草地新，风筝舞动碧空中。 孩童欢笑声声悦，鸟语花香共和风。 赏花观鸟乐悠悠，生活之美在心头。 清新空气人欲醉，自然和谐乐悠悠。 绿草如茵铺画卷，彩蝶飞舞伴孩童。 欢声笑语满园春，生活乐章正悠扬。 此情此景难自禁，诗意盎然心自宽。 生活美好如斯景，愿君常怀感恩心。

（资料来源：Kimi 官网）

一首诗就这样作出来了，还不错吧。假如我们耐心一点，把诉求讲得更清楚，大模型可以把诗歌写得更漂亮（见表 35.3）！

表 35.3 Kimi 优化后的诗歌

输入：	我想要在诗中体现雨过天晴、阳光明媚的景象，能再帮我创作一首更好的诗吗？
输出：	当然可以，以下是一首描绘雨后阳光明媚景象的七言律诗： 雨后初晴日光新，碧空如洗映翠茵。 草上露珠闪晶莹，风筝高飞逐云心。 花间蝴蝶舞翩跹，鸟语悠扬报春深。 孩童笑语添欢声，生活画卷展温馨。 阳光洒落金光道，万物生长显生机。 空气清新人欲醉，自然恩赐感心怀。 校园草地乐悠悠，大人孩童共欢聚。 生活美好如诗篇，愿此景常伴君侧。

（资料来源：Kimi 官网）

语言大模型有很多种，前面我们提过，除了 ChatGPT，还有文心一言、Kimi、通义千问、讯飞星火等，它们可以帮助人们进行文学创作，辅助宣传人员撰写商业文案，能进行简单的数理逻辑推算，还能够处理图像、音频和视频等。

2023 年 8 月，百度生成式人工智能产品“文心一言”正式上线，它是国内首家发布大模型的公司。文心一言是从数万亿数据知识中诞生的，在多次迭代优化后，它的运行成本大幅度降低。它是经过预训练的大模型，可以通过人工监督和反馈来进一步学习，提升模型的知识和对话能力。据百度 2024 年人工智能开发者大会的统计数据显示，文心一言已吸引了 2 亿用户，平均每天被使用 2 亿次，满足了国内用户的日常工作和学习需求。文心一言作为国内大模型的代表，对国内大模型研究的发展起到了积极的推动作用。

语言翻译不再是问题 36

你喜欢看好莱坞电影吗？你喜欢出国游玩吗？你喜欢阅读外文小说吗？在当今这个时代，我们总要和外文打交道。现在，大模型正在打破语言的壁垒，让理解外文变得更加容易。

我们先看几个例子。电影《变形金刚》中，主角擎天柱的经典格言“Freedom is the right of all sentient beings”该怎么理解？让我们问问 ChatGPT（见表 36.1）！

表 36.1　GPT-3.5 生成的英语翻译与短句理解

输入：	“Freedom is the right of all sentient beings.”这句话是什么意思？
输出：	“Freedom is the right of all sentient beings.”意味着自由是所有有感知能力的生物的权利。这里的“sentient beings”指的是那些能够感觉、感知和体验情感的生物，不仅包括人类，也可能包括动物或其他具有感知能力的生命形式。此句强调自由是一种基本的、普遍的权利，应当被所有能够感知和感觉的生物所享有。这是一种对生命尊严和自由价值的肯定。

（资料来源：OpenAI 官网）

大模型不仅解释了整个句子的含义，还特地为我们解释了句子中的具体单词。有趣的是，当代大模型基于的“Transformer”架构，其中文含义正是“变形金刚”。

中国有上下五千年的悠久历史，中国人民创造了辉煌的文明，古人的文言文非常典雅和优美。然而，对现代人来说，文言文理解起来有一定的难度。如何准确理解文言文传达的含义？对于博古通今的大模型来说，这并非是一件难事。下面是《世说新语》中的一段古文，我们请 ChatGPT 来解释一下（见表 36.2）。

表 36.2 GPT-3.5 生成的文言文解读

输入：	“华歆遇子弟甚整，虽闲室之内，严若朝典。陈元方兄弟恣柔爱之道，而二门之里，两不失雍熙之轨焉。”如何理解这段文言文？
输出：	这段文言文描述了两位古代人物的教子风格。具体解释如下： “华歆遇子弟甚整”：华歆在对待自己的子弟（子女和晚辈）时非常严格和整齐，表现出严厉的态度。 “虽闲室之内，严若朝典”：即使是在家中的私人空间，华歆对待子弟的态度也像在朝廷上一样严肃正规，遵循严格的礼仪规范。 “陈元方兄弟恣柔爱之道”：陈元方及其兄弟在教育子弟时采取了宽厚和慈爱的方式，强调情感的温柔和亲和。 “而二门之里，两不失雍熙之轨焉”：在他们的家庭中，尽管教育方式柔和，但家庭成员之间的相处依然保持和谐有序，没有偏离正统的教育和行为规范。 这段话通过对比两种不同的家庭教育方式——华歆的严格与陈元方的宽厚——来表达不同教育风格下都可以培养出遵循传统礼仪和行为规范的后代的观点。

（资料来源：OpenAI 官网）

大模型不仅告诉我们古文所描述的故事，也透过故事向我们传达古人的思想，就像一座连接古今的桥梁。

大模型在企业圈的大规模应用，已经成为未来的发展趋势，阿里云也在这方面提供了解决方案。2023 年 9 月，阿里云正式向公众发布了他们自主研发的大语言模型“通义千问”。通义千问的名字源自《汉书》中的“天地之常经，古今之通义也”，“通义”意为普遍适用的道理与法则，而“千问”则表示无数次的问询和学问，显示出这个服务的全面性和深度。通义千问提供多种功能，包括编码助手、阅读助手、工作学习、个性化角色创作平台、投研助手、智能客服、健康助手和法律顾问。借助云服务，通义千问可以为企业提供云开发环境，帮助大模型适配崭新和特定的应用场景，并已在垂直行业中多处落地。

计算和编程交给大模型 37

大模型正在改变我们的学习和生活方式，让曾经困难的事变得轻而易举。对于许多人来说，数学可能是最不喜欢的学科，困于其错综复杂的逻辑公式、庞大的计算量等。

现在，我们不必再为数学难题而担忧，大模型就是我们身边解答数学问题的好帮手。无论是在做数学作业时碰到阻碍，还是需要开展复杂的计算，你都可以在与 Gemini 大模型的对话中得到答案。

图 37.1 的例子，是大模型用多种方法来为我们解答经典的“鸡兔同笼”问题。

或许你玩过《贪吃蛇》这款经典小游戏，小时候我们都幻想，未来的某一天，我会成为游戏工程师，开发出自己喜欢的游戏。今天，这个梦想已不再遥远，大模型可以马上为你实现这个梦想。

Gemini 只用了 10 多秒就完成了《贪吃蛇》代码编写（见图 37.2），这编程的速度比一位优秀的游戏工程师还要快不少。这个代码生成的是一个带着图形界面、可以运行的真正游戏！

Gemini 是 Google AI 在 2024 年推出的新型语言模型。谷歌

User

已知鸡兔共24只，有56只脚，请问鸡和兔子各有多少?

Model 3.4s

已知鸡兔共24只，有56只脚，请问鸡和兔子各有多少?

解法一：代入法

- 设鸡有 x 只，兔子有 y 只。
- 由题意得：x + y = 24，2x + 4y = 56
- 将 x = 24 - y 代入第二个方程，解得 y = 4。
- 将 y = 4 代入第一个方程，解得 x = 20。

解法二：消元法

- 设鸡有 x 只，兔子有 y 只。
- 由题意得：x + y = 24，2x + 4y = 56
- 将第一个方程乘以 -2，得到 -2x - 2y = -48。
- 将此方程与第二个方程相加，得到 2y = 8，解得 y = 4。
- 将 y = 4 代入第一个方程，解得 x = 20。

答案：鸡有 20 只，兔子有 4 只。

图 37.1 Gemini-1.5 解答“鸡兔同笼”问题
（资料来源：Gimini 官网）

是 1998 年成立的跨国科技公司，总部位于美国的加利福尼亚州。谷歌起源于斯坦福的一个研究项目，当时两位在读生拉里·佩奇（Larry Page）和谢尔盖·布林（Sergey Brin）为自己发明的互联网搜索引擎注册成立了谷歌公司，它的建立改变了人类获取信息的方式。

在各项大模型基准测试中，Gemini 都展现出了不俗的实力，某些场景下甚至能够超过人类专家。该模型不仅能够处理文本单词，还能够兼容音频、图像、视频等多个模态，打破了传统大模型在多模态处理中的局限性。其中，Gemini 模型的 Nano 版本甚至可以在 Google Pixel 8 Pro 手机等移动设备上运行。

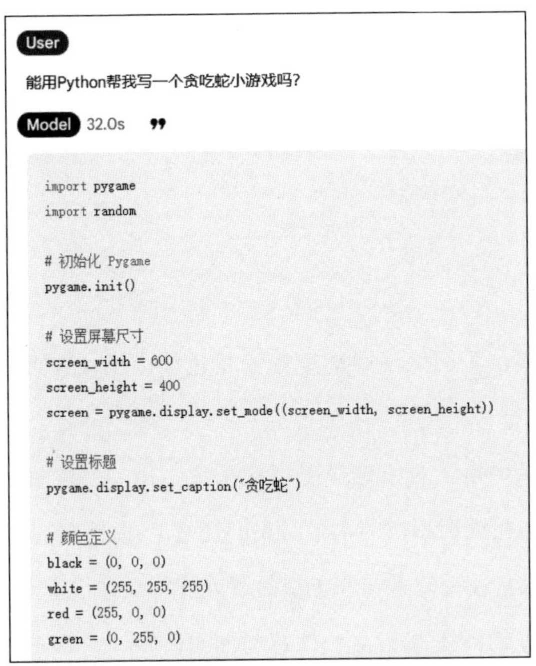

图 37.2　Gemini-1.5 pro 生成的游戏代码
（资料来源：Gimini 官网）

Gemini 的设计灵感来自转换器，这是谷歌于 2017 年提出的架构，它在自然语言处理领域取得了惊人效果，彻底取代了以往流行的循环神经网络架构。Gemini 采用自我监督学习的训练方法。就像学生做填空题一样，会根据已知的文字内容，推断出接下来的内容，并不断验证自己的推测，以此加深对文章的理解。Gemini 也通过这种方式，不断预测文本中的下一个词，由此学会语言的模式和结构。

经验丰富的识别专家 38

大模型在我们生活中的应用场景也很广泛，它可以成为我们的生活助手。

比如买水果。对于选择恐惧症来说，每一次购物都是巨大的考验。例如在挑选超市的水果时我们经常站在摊位前犹豫不决。

榴莲以其独特的香味和丰富的营养价值受到很多人的喜爱，但挑选一个好的榴莲并不是一件容易的事。每一个榴莲的外观几乎相同，但内部的口感和成熟度却天差地别。你常常站在水果摊前，一个接一个地检查手中的榴莲，却难以决定买哪一个。

这个时候，你是否希望能有专家告诉你哪个榴莲是最甜的，哪个最适合买回家?

不必担心！大模型可以做这个专家，帮助我们识别榴莲的成熟度和品质。有三个不同的榴莲摆在你面前，让我们看看表 38.1 中 GPT-4 大模型是如何帮助我们挑选最适合的榴莲的！你可以输入图片和问题。

建议很快就生成了！

表 38.1 让 GPT-4 挑选榴莲

输入图片	
输入问题	我挑榴莲犯了难，你能帮我选一个吗？
输出结果	选择榴莲的时候，你可以注意以下几个关键的特征来帮助你做出选择： 外壳的颜色和质感：成熟的榴莲外壳呈金黄色，表面的棘刺分明且稍显干燥。避免选择表面有显著黑斑或很湿润的榴莲。 气味：成熟的榴莲会散发出强烈的甜香味。如果气味不明显或闻起来发酸，可能是未熟或过熟。 大小和形状：选择形状均匀，大小适中的榴莲。过大可能意味着有更多的空隙，肉质不实。 摇晃听声音：可以轻轻摇晃榴莲，如果听到里面有轻微的“空洞”声音，通常意味着榴莲已经成熟，果肉可能更松软、更甜。 从你提供的图片来看，你标记了三个榴莲，分别为 1、2 和 3 号。通常选择榴莲时，你会想找那些外壳坚硬、间隙比较宽，以及底部略微有弹性的果子。这些特征通常表示榴莲成熟且味道更佳。 1 号榴莲的刺看起来比较尖锐且整齐，这通常是新鲜和质量好的标志。此外，它的形状比较均匀，这也是一个好的迹象。2 号和 3 号榴莲的刺也相当尖锐，但从这个角度看起来，1 号的整体形态和外观可能更吸引人一些。 所以，如果以视觉判断，我会建议选择 1 号榴莲。但实际选择时，如果可能的话，轻轻按压榴莲的底部，感受一下是否有轻微的弹性，这也是判断成熟度的一个好方法。希望这可以帮助你选择到满意的榴莲！

（资料来源：OpenAI 官网）

你是否还有过这样的经历？当你外出旅游时，美景不断映入你的眼帘，一切都是那么和谐，你毫不犹豫地拿出手机拍下照片，想要发一条朋友圈与大家分享，但是配什么文案呢？不必担心！大模型可以担任文案大师，轻松地识别图片内容并配好文字。下面是

表 38.2　GPT-4 生成的朋友圈文案

输入图片	
输入问题	你认为这张照片传递了怎样的意境？我想为这张照片发一条朋友圈，你能帮我想个文案吗？
输出结果	这张照片拍摄的是埃及金字塔，背景是蓝天和遥远的城市轮廓，前景是一只骆驼，整个场景显得既宏伟又宁静。这种场景不仅展示了埃及历史文明的标志性建筑，同时也表达了时间的深度和文化的传承。 你可以使用以下文案来发朋友圈： “站在金字塔的阴影下，我感受到了时间的厚重和历史的呼吸。这里不仅是古埃及法老的安息地，更是无数旅人梦开始的地方。从远古到现代，从沙漠的尽头到城市的边缘，金字塔与我们一同见证了文明的演变和岁月的洗礼。今天，我在这里，和历史对话，与文化共鸣，感受着每一步足迹下沙砾的重量，每一丝风中沙尘的故事。这是一次时空的旅行，是一场灵魂的洗礼。” 这段文案尝试捕捉你所分享照片的历史与文化重量，同时也描绘出一种个人的情感体验和对历史的敬畏。希望这可以满足你的需求！

（资料来源：OpenAI 官网）

一张金字塔的风景照，让我们看看 GPT-4 会给出怎样的配文（见表 38.2），选择一个能表达你心情或体验的文案，发布到朋友圈吧！

2023 年 3 月 15 日，OpenAI 发布 GPT-4，具有更强大的功能和推理能力。它能够生成、编辑文字，并与用户一起迭代创意和完成技术写作任务，例如创作歌曲、写作剧本或学习用户的写作风格。它可以接受图像输入信息，并生成字幕，进行分类和分析。它还可以理解和分析超过 25 000 个单词的文本，使其能够支持长篇内容创作、扩展对话、文档搜索和分析等应用。

GPT-4 确实拥有多模态能力，可以接受图像输入并理解图像内容。其在各种职业和学术考试上的表现和人类水平相当。比如模拟律师考试，GPT-4 取得了前 10% 的好成绩，相比之下 GPT-3.5 是倒数 10%。做美国高考 SAT 试题，GPT-4 在阅读写作中拿下 710 分的高分，在数学考试中拿下 700 分的高分（两门满分都是 800 分）。

OpenAI 最新推出的多模态模型 GPT-4o 则是 GPT-4 的一个进化版本。GPT-4o 中的“o”即“omni”，代表这个模型“全能”的跨模态处理能力，它具备综合的文本、音频和视觉处理能力。GPT-4o 可以在一个单一的模型中处理多种类型的输入，为用户提供更流畅和自然的交互体验。

让艺术设计变得简单 39

或许你喜欢绘画，或许你是做设计的，总要和艺术打交道，大模型为我们打开了通往艺术创作的大门，让每个人都能成为艺术家。我们可以使用 Stable Diffusion 等大模型来实现艺术设计。在大模型界面上，用户只需在输入框中输入文本提示，就能生成图像，并且可以自定义图像的风格和细节。

例如，你可以输入“Lonely lighthouse on a rocky coast during a storm，with waves crashing and lightning flashing，moody，atmospheric，seascape，high detail”。这段提示词的意思是：暴风雨来临时，岩石海岸矗立着灯塔，海浪拍打着岸边，电闪雷鸣，该提示词要求大模型生成一个氛围压抑、充满细节的图片。看图 39.1，大模型生成

图 39.1 Stable Diffusion 生成的风暴图片

出来的风暴图片非常漂亮，充满艺术气息。

在某本图书或杂志的设计上，你需要一幅巨龙插画，大模型就可以帮助你实现。输入提示词“Massive statue of a dragon in a lush jungle, surrounded by exotic plants and tall trees, mysterious, ancient, high detail, tropical landscape”，让大模型描绘这样一幅景象：茂密的热带丛林中伫立着巨大的龙雕像，周围环绕着奇异的植物和高大的树木，要求体现出神秘、古老、细节丰富的热带景观。图 39.2 中威风的巨龙，就是它根据用户的提示词生成的作品。根据你的需求，实现你的想法！

图 39.2 Stable Diffusion 生成的巨龙插图

当我们在画展中欣赏画作时，有时也能透过艺术家高超的绘画技巧，体悟到他们想要向我们传达的那份情绪、那种生活场景。“多么巧妙的作品啊，要是我也能有这样的绘画水平该多好！”我们时不时会有这样的想法。

然而，普通人未曾受过系统的绘画训练，那我们怎样才能创作出描绘自己生活感悟的画作呢？没错，使用大模型！借由大模型的笔触，每一位普通人都可以创办自己的“画展”。我们可以让 Stable Diffusion 来帮助我们实现以下内容："帮我们完成一幅绘画作品：乡间小路上，小朋友在快速地向前奔跑，晚风吹动了旁边的油菜花田。"你要求它创作两种场景：晴天暖阳下，将要落雨时。图 39.3 是大模型生成的画作，不知是否和你期待的很像呢？

图 39.3 Stable Diffusion 生成的生活感悟画作

现代生活中，汽车已经成为人们通行的重要工具之一。你知道吗？在汽车刚诞生的时候，车身的线条还是方方正正、有棱有角的，不像今天有了流线型设计。流线型的汽车在行驶过程中受到的阻力更小，因此油耗也会更小。这样巧妙的设计不仅需要汽车工程师经过大量的物理、数学推导，更需要建模师将设想描绘出来。如今，借助大模型，我们已经可以迅速地建模出 3D 汽车！

在 Stable Diffusion 中输入："请设计一款轿车，这款车的建模拥有流线型的车身、炫目的金属漆面，以及引人注目的合金轮毂。"它生成的设计图如图 39.4 所示，你觉得怎么样？

图 39.4 Stable Diffusion 生成的轿车设计图

Stability AI 成立于 2020 年，是一家总部位于英国伦敦的全球化人工智能研究型企业，致力于为图像、语言、音频、视频、3D 和生物学开发前沿、开放的人工智能模型。该公司创始人的理念是：通过各自领域的领导者和专家之间的合作研究，建立开源人工智能项目，利用创造力促进人类的进步和发展，将具有突破性的想法转化为实用的解决方案，为每个人打造一个包容的、更具交流性和创造性的未来。

Stable Diffusion 是 Stability AI 发布的第一个模型，它是一个文本到图像的生成模型，可以通过文本提示快速创作出令人惊叹的艺术作品。Stable Diffusion 使用扩散模型，它可以将文字描述转化为栩栩如生的图像。

除了图像生成，Stability AI 还在为未来的商业化开发其他项目，如音频、语言、3D 和视频生成等。Dance Diffusion 大模型就像一位音乐天才，它通过对数百小时歌曲的学习，能够生成富有节奏感的音乐片段。Harmonai 则是一个开源组织，由 Stability AI 提供资金支持，致力于将音乐创作工具开放给所有人，让普通大众也可以享受音乐制作。

解放人类脑力 40

最新热映的电影你看了吗？每当看到优秀的影片，我总会被导演的才华所折服——多么精妙的情节编排，多么巧妙的镜头切换！要知道一部电影的成功绝非易事，不仅需要导演、编剧、演员们的精心准备与付出，还需要许多工作人员来负责拍摄、剪辑、协调场务，更不用提电影拍摄的成本问题。

“可是拍一部自己的电影真酷啊！”观影之后，我时常这样想。有没有一种办法，能够更轻松高效、更节约成本地拍出一部属于我们自己的电影呢？别忘了，大模型还是一位才华横溢的导演！你只需把想拍摄的场景告诉这位“大导演”，它就能够帮你“拍”出一部属于你自己的“微电影”（见表 40.1）。

OpenAI Sora 是一款由 OpenAI 发布的一个文本到视频模型，它可以根据你提供的文本，生成高质量的视频，还可以为用户扩展已有视频的内容。Sora 的技术基础来自 OpenAI 的另一款模型 DALL-E，但 Sora 进一步改进和开发了它。它的名字“Sora”取自日文中的“空”（そら），意思是它有着“无限的创造潜力”。

表 40.1 Sora 生成的“微电影”

输入提示词:	漫步艺术画廊，多种不同风格的美丽艺术作品陈列有序，琳琅满目。
输出视频:	
输入提示词:	美丽的东京城落樱缤纷，镜头穿过熙熙攘攘的城市街道，视角跟随路人们，他们在热闹的摊位旁购物。人们享受着浪漫的樱花季，绚丽的樱花花瓣随风飘扬。
输出视频:	

（资料来源：OpenAI 官网）

使用 OpenAI Sora，你可以轻松地创作出逼真的虚拟场景和角色，生成丰富多彩的视频效果。这些视频可以用于各种场景，比如制作游戏、电影、短片和广告，Sora 为视频制作带来了更多可能性。不过，目前 Sora 生成的视频最长只有一分钟，所以在某些场景下可能有局限性。Sora 为构建通用模拟器开辟了一条新的道路。图 40.2 是 Sora 的展示画面，图（a）是根据文本描述生成的日本东京街头漫步的视频画面，图（b）是展示猛犸象在雪原上雄姿的视频画面。

（a）

（b）

图 40.2　Sora 生成的视频画面

（资料来源：OpenAI 官网）

提供洞察与分析 41

在我们的学习与工作场景中，常常要处理大量的文本信息。如今，大模型正在改变我们处理文本信息的方式，它能够快速、高效地分析文本，并为我们提供有价值的洞察。

月之暗面在 2023 年 10 月推出的智能助手 Kimi 正是一款能够分析文章、提供洞察与分析的通用大模型。

我们先来看看 Kimi 的应用案例。比如，你可以向 Kimi 提问《计算机教授给孩子讲历史》这本书的作者及内容（见图 41.1）。

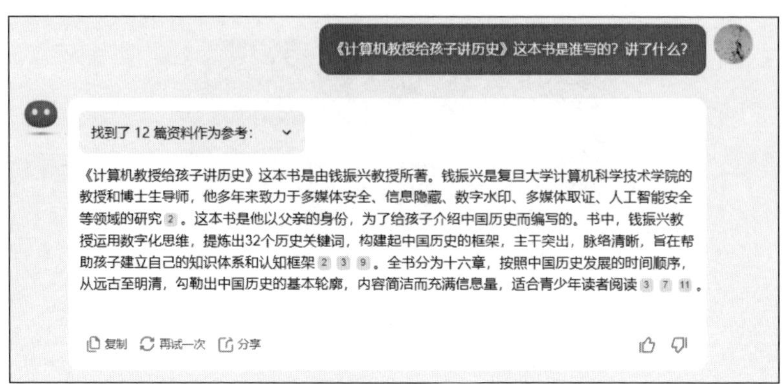

图 41.1　Kimi 生成的图书资料与作者资料
（资料来源：Kimi 官网）

对于航天科学和月球探测领域，Kimi 也有所涉猎（见图 41.2）。

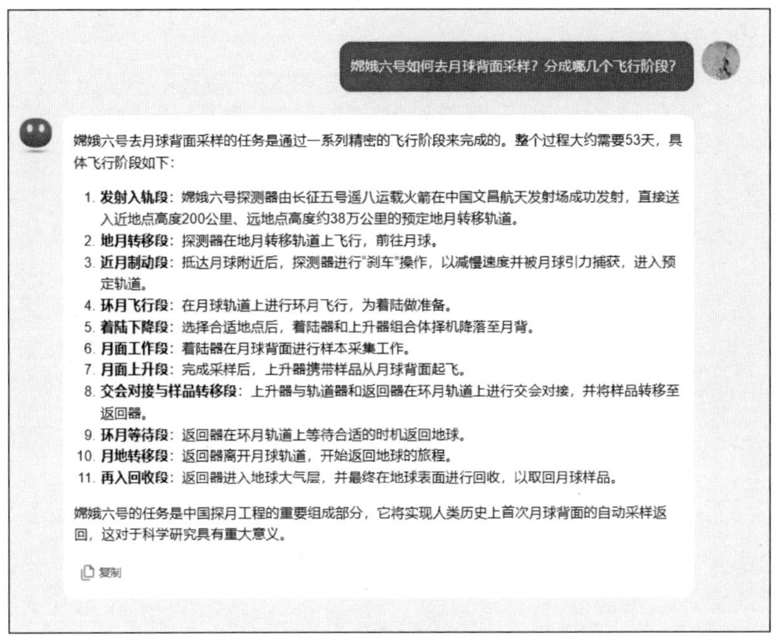

图 41.2　Kimi 生成的嫦娥六号有关信息
（资料来源：Kimi 官网）

如果你想要了解一家公司及如何向其投递简历，也可以向 Kimi 提问（见图 41.3）。

Kimi 专注于专业学术论文的翻译和理解，也能辅助分析法律问题，以及快速理解 AAPI 开发文档等场景。据悉，Kimi 是全球首个支持输入 20 万汉字的智能助手产品，并且已经启动了 200 万字无损上下文的内测。

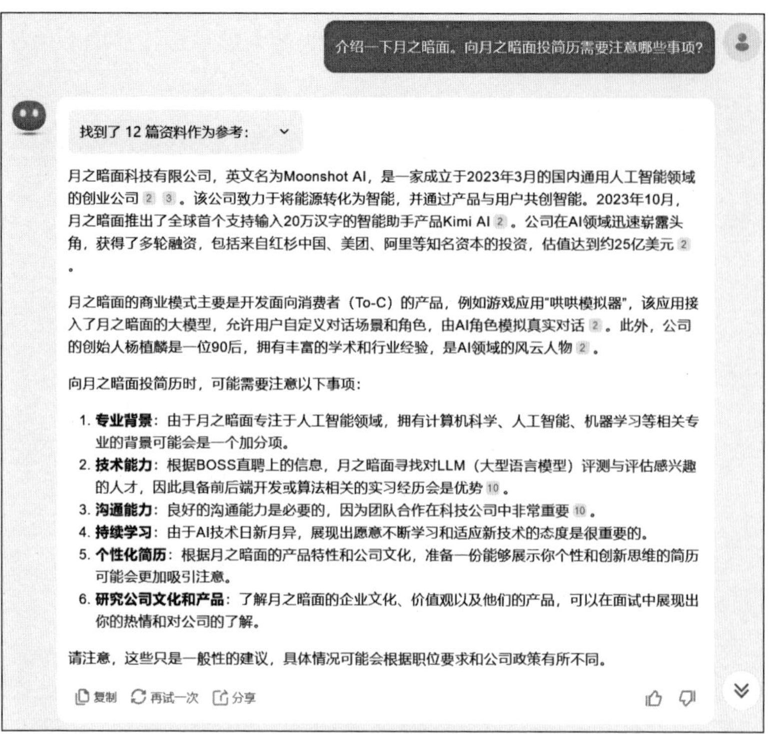
介绍一下月之暗面。向月之暗面投简历需要注意哪些事项?

找到了 12 篇资料作为参考:

月之暗面科技有限公司，英文名为Moonshot AI，是一家成立于2023年3月的国内通用人工智能领域的创业公司 2 3 。该公司致力于将能源转化为智能，并通过产品与用户共创智能。2023年10月，月之暗面推出了全球首个支持输入20万汉字的智能助手产品Kimi AI 2 。公司在AI领域迅速崭露头角，获得了多轮融资，包括来自红杉中国、美团、阿里等知名资本的投资，估值达到约25亿美元 2 。

月之暗面的商业模式主要是开发面向消费者（To-C）的产品，例如游戏应用"哄哄模拟器"，该应用接入了月之暗面的大模型，允许用户自定义对话场景和角色，由AI角色模拟真实对话 2 。此外，公司的创始人杨植麟是一位90后，拥有丰富的学术和行业经验，是AI领域的风云人物 2 。

向月之暗面投简历时，可能需要注意以下事项：

1. **专业背景**：由于月之暗面专注于人工智能领域，拥有计算机科学、人工智能、机器学习等相关专业的背景可能会是一个加分项。
2. **技术能力**：根据BOSS直聘上的信息，月之暗面寻找对LLM（大型语言模型）评测与评估感兴趣的人才，因此具备前后端开发或算法相关的实习经历会是优势 10 。
3. **沟通能力**：良好的沟通能力是必要的，因为团队合作在科技公司中非常重要 10 。
4. **持续学习**：由于AI技术日新月异，展现出愿意不断学习和适应新技术的态度是很重要的。
5. **个性化简历**：根据月之暗面的产品特性和公司文化，准备一份能够展示你个性和创新思维的简历可能会更加吸引注意。
6. **研究公司文化和产品**：了解月之暗面的企业文化、价值观以及他们的产品，可以在面试中展现出你的热情和对公司的了解。

请注意，这些只是一般性的建议，具体情况可能会根据职位要求和公司政策有所不同。

图 41.3　Kimi 生成的简历投递注意事项
（资料来源：Kimi 官网）

Kimi 智能助手的目标是给用户提供安全、有用、准确的对话体验，它可以根据你的输入和反馈来优化对话，确保你得到你想要的回答。它能够通过上下文理解你的问题，并提供详尽而有帮助的答案，帮助你查找信息和完成任务。

Kimi 有三个特点：首先，它能处理大量的文本信息，能够顺畅地和你进行中英文对话，并根据对话内容提供相关答案；其次，它可以通过互联网搜索来找到更多信息，结合了各种技术，确保你得到最好的答案；第三，它还可以分析你上传的文件，无论是文本文件、PDF 文件还是其他格式文件，它都可以帮你理解内容并回答相关问题。

目前，Kimi 智能助手已经被广泛应用于教育、商业、科技和日常生活等领域，为不同人群提供多样化的帮助。对于科研人员，Kimi 可以快速阅读并深入理解大量文献，解释复杂的学术概念，分析研究结果，撰写论文，并提供审稿建议。对于大学生，Kimi 可以帮助处理学习资料、提供学习指导，甚至辅助写作和研究。对于互联网从业者，Kimi 可以高效搜集信息，辅助竞品分析、运营策划等方案的撰写。对于程序员，Kimi 可以进行编程辅助、问题解答、代码注释、API 文档阅读，支持多种编程语言。对于自媒体与内容创作者，Kimi 可以快速搜集创作所需要的信息，提供丰富的资料与灵感。对于金融和咨询分析师，Kimi 可以通过即时搜索，帮助你第一时间掌握行业动态和市场信息，并提供洞察与分析。

大模型思考 42

全世界已有数百个大模型，各大公司和商业机构纷纷推出各种通用大模型和专用大模型，它们能够执行各种复杂的或特殊的任务，在给人们带来各种便利的同时，也引发了人们的一些思考。大模型正在改变世界，它所带来的挑战与机遇也前所未有。

比如，大模型需要大量的计算机资源来训练和运行，需要消耗大量的电力，这可能会对环境造成一些负面影响，如何降低这种损耗。再者，大模型需要大量的数据来进行学习，这可能会使人们的数据隐私和安全受到侵犯，如何确保我们的数据不会被泄露或者被滥用。此外，人们还很关注大模型是否存在偏差，是否会对不同的人或群体做出不公平的决定，如何确保这些模型决策的公平性和客观性。

大模型知道太多了！我们希望大模型在帮助我们的同时，不会侵犯我们的隐私权或传播错误的信息。首先，大模型需要提供令人信服的技术手段，防止未经授权的人或者机器访问隐私信息。其次，需要制定相关的法律法规来约束大模型的行为，规定大模型在处理个人信息时需要遵循的准则和标准。再次，需要提高人们保护隐私的意识，让全社会意识到在网络世界中保护个人信息的重要性。

大模型会不会侵犯我们的知识产权？无论是文本大模型，还是图像大模型、视频大模型，它们都是建立在使用海量数据进行训练的基础之上。然而，这些训练数据并未对人们公开。因此，作家们、设计师们、电影从业者们，以及各类创作者，对大模型都表示怀疑，大模型是否侵犯了他们的知识产权？谷歌因使用法国新闻机构的文章进行训练，被当地法院判处两亿多欧元的罚款，类似的案件还有很多。可见，大模型的快速发展，迫切需要探索有效的知识产权保护机制。

人类会被机器取代吗？现在已经有不少工作开始用大模型来完成，许多人担心他们的工作可能会被机器取代，这是一个无法回避的问题。不过，大模型必然会带来新的工作机会，比如设计和维护大模型需要大量的程序员和工程师，比如它无法取代人类完成创造性的工作，以及情感和人际交往方面的工作。

目前看来，机器还不具备取代人类的能力。人们需要保持乐观的态度，不断学习和提升自己的技能，将大模型视为工具来服务人类。更重要的是，人类需要有更多的创新意识，未来的世界不仅仅是人与人的竞争，也将是人与机器的竞争。谁能不断推出新技术，谁就能拥有更多的话语权。

大模型带来的问题及挑战还有很多，全世界每天都在开展各种讨论。值得注意的是，任何科技的进步，都可能会伴随一些伦理和社会问题，需要人们不断思考、探索和研究，以往有许多问题在时间的长河中自然湮灭了。人们是未来的创造者，也是科技成果的享受者，大模型带来的各种问题一定会得到妥善解决。

后　记

这是一本写给大众看的人工智能普及读物，尤其适合中小学生们阅读。几年前我曾给小朋友们写了一本《计算机教授给孩子讲历史》，目的是让他们轻松地了解中国历史。在这个碎片化阅读的时代，我们更需要掌握建立整体知识框架的能力，这是探索与创新的基础。本书也是这个出发点。

正如很多人呼吁，不要把年轻一代教育成“做题家”！这背后的核心问题是我们全社会的创造力不够，大家都在思考：怎样才能创新和创造？我一直相信，如果一个人从小就“见过”很多创新，那他未来一定很有创造力。认知、理解、创造，这是学问的三个阶段，从小学到本科的教育，是不断认知、不断理解的过程，在这个过程中，如果进一步认识到各种创新及其由来，在脑海中种下创新的梦想，那未来就有无限的可能！

因此，我写了这本“白话人工智能”的书，希望能帮大家快速了解人工智能的来龙去脉，形成对人工智能的整体认识，激发大家对于人工智能的兴趣，尤其是看一看全世界的人们是如何创新的。书中没有数学公式，基本都用白话描述，具体算法细节一概不作介绍，有兴趣探索的朋友们可以寻找专业书籍进行学习和探索。

这本小书在撰写的过程中，得到了许多人的帮助，感谢复旦大学出版社李又顺和刘西越两位老师的支持，感谢复旦大学旅游学系的好友孙云龙老师、江苏信实的好友周立波先生、江苏水印科技的好友钱阳先生，他们从读者的角度提出了很多宝贵意见，感谢复旦大学多媒体智能安全实验室的师生们协助整理资料，感谢家人和朋友们对我的不断鼓励！

图书在版编目(CIP)数据

计算机教授白话人工智能/钱振兴著. —上海:
复旦大学出版社,2024.7. -- ISBN 978-7-309-17543-1
Ⅰ. TP18
中国国家版本馆 CIP 数据核字第 2024W8X139 号

计算机教授白话人工智能
JISUANJI JIAOSHOU BAIHUA RENGONG ZHINENG
钱振兴　著
责任编辑/刘西越

复旦大学出版社有限公司出版发行
上海市国权路 579 号　邮编: 200433
网址: fupnet@fudanpress.com　http://www.fudanpress.com
门市零售: 86-21-65102580　团体订购: 86-21-65104505
出版部电话: 86-21-65642845
上海盛通时代印刷有限公司

开本 890 毫米×1240 毫米　1/32　印张 5.875　字数 110 千字
2024 年 7 月第 1 版
2024 年 7 月第 1 版第 1 次印刷

ISBN 978-7-309-17543-1/T · 762
定价: 49.00 元
